生活 + 醫館 54

人體自療寶典

弄懂《易經》，從此不生病

欒加芹 ◎著

高寶書版集團

生活 ✚ 醫館 生活醫館 054

人體自療寶典

作　　者：欒加芹
總 編 輯：林秀禎
編　　輯：楊詠婷
出 版 者：英屬維京群島商高寶國際有限公司台灣分公司
　　　　　Global Group Holdings, Ltd.
地　　址：台北市內湖區洲子街88號3樓
網　　址：gobooks.com.tw
電　　話：（02）27992788
E-mail：readers@gobooks.com.tw（讀者服務部）
　　　　　pr@gobooks.com.tw　（公關諮詢部）
電　　傳：出版部（02）27990909　　行銷部（02）27993088
郵政劃撥：19394552
戶　　名：英屬維京群島商高寶國際有限公司台灣分公司
發　　行：希代多媒體書版股份有限公司發行/Printed in Taiwan
初版日期：2009年11月

國家圖書館出版品預行編目資料

人體自療寶典 /欒加芹著. -- 初版. --
　臺北市 ： 高寶國際出版 ： 希代多媒體
　發行, 2009.11
　　面 ； 　公分. --（生活醫館 ；54）

　　ISBN 978-986-185-373-4(平裝)

429　　　　　　　　　　　　　98018795

· 目錄 ·

上篇 《易經》識病通方

第三章　習慣決定一生的健康

下篇 《易經》養生自療

・目錄・

〈序〉
從最古老的易經中，
尋找不生病的智慧！

　　欒加芹博士的《人體自療寶典》，是一部具有特殊觀念的奇書。

　　散佈於書中的理念和方法很多，如果要提出最核心的部分，就是「易經識病」的概念。欒博士透過這個特殊名詞，告訴大家許多疾病並沒有醫生講得那麼「學術」，離開專業的醫學知識，同樣可以認識疾病，就像只要有了說明書，就知道怎麼使用各種軟體。

　　書中有系統地講述了日常食物、情緒、習慣等能導致哪些疾病，怎麼解決，生病了該怎麼辦，教讀者從日常生活中找出病因和解決方案；更巧妙地將「易經識病」及「易經養生」的方法及觀念，化為「易經識病通方」融入書中內容。即使沒有任何中醫及易經知識，讀起來也不會有門檻，非常淺顯易懂，且見解獨特。

　　「卦象養生法」是誕生於《易經》理論基礎上的神奇養生法。透過出生日期，再經由《易經》八卦理論分析，將人的先天體質分成 8 種類型，從而得知後天容易罹患的疾病及預防養生的方法。

　　以下為本書的重點：

◆不必依賴複雜的專業醫學知識或理論，只要懂得分析判斷的方法，就足以透視疾病基因，掌握自己的健康。

◆疾病不會無故發生，必有其根源。致病原因太過複雜，許多

時候遠超出醫生的經驗。如果把希望全寄託於醫生，期盼他們找到原因，常常希望渺茫。但如果未找到病根，治療也往往起不了作用。

◆不管一個人罹患多少種疾病，必有一個最根本的病根，只要將之消除，疾病自會層層消解。

◆食不對類、不對量、不對時，是現在的通病。再好的食物，對某些人來說，都可能是致病的因素。生病時，首先應該懷疑最近吃的東西或做的事，僅僅一個懷疑，疾病就可能有機會痊癒。

◆根據《易經》原理，自然界的任何一種物產，包括食物和藥物等，也都可依產地、顏色、氣味等進行 8 種分類；人體臟腑自然也可以。用同卦象的食物和藥物來補益同一卦象的臟腑，效果往往出奇制勝。

◆從出生資訊揭示人的先天體質，到發病時間與疾病的關係，再到不同體質飲食養生與食物八卦屬性的關係，環環相扣，自成獨特理論。

◆只要明白自己的先天體質，按照「同氣相求」的原則，就能為五臟六腑找到正確食物及經絡原穴，並自己動手調理身體上出現的疑難雜症和常見疾病。

在編輯這本書的過程中，整個編輯部與我們的家人、朋友，都率先嘗試了欒博士提出的理念和方法，的確像「說明書」一樣簡便實用。不過，有些概念對於有的讀者來說，可能還是很模糊。用一句話來歸納，就是：「找病因用減法，求療效用乘法」。

面對疾病，無非就是要知道病是怎麼「生」的，又該如何「滅」；簡單來說就是找病因、求療效。不能找到病因，療效就無從談起，但也不能說找到了病因就有了療效，因此有許多人在這兩方面都迷茫無助。於是，欒博士給大家提供了她獨特

的「減法」和「乘法」理論。

　　她力求運用「減法」，刪繁就簡找到病因；運用「乘法」，達到療效倍增的境界，這就是「減法」和「乘法」的要義。只要了解「找病因用減法，求療效用乘法」這個理念，讓它成為大家對待疾病的基本觀念；再搭配獨特的易經識病及養生的方法，從根本改善自己的健康，對於作者和編輯部而言，就算是功德圓滿了。

　　可以肯定的是，大家讀完本書之後，一定會有許多問題想和欒博士交流、諮詢。那麼，就請大家帶著問題去訪問欒博士的部落格（www.wenyigeyihua.blog.sohu.com）。她的部落格原名叫「問醫閣醫話」，一直對網友有很大的影響力，現在改名為「日月星」，這是她健康理念的一個轉折。部落格名稱變了，但為大家服務的宗旨沒變。與書相比，「日月星」是一個鮮活、即時、互動的空間，大家可以在那裡得到更多有益的健康資訊。

　　人是無常的，人的健康也是無常的，這話聽起來悲觀，但實際上有警示之意。無常的健康中更應該「有常」，有常規、常理、常識，只是我們平時因為多種原因悖了常規、常理、常識，從而使疾病纏身、健康遠離，相當的可惜。欒博士在這本書中，傳達的都是樸素但飽含哲理的觀念、傳統而經久的生活方式、簡易卻有效的療病方法，都能讓讀者從根本上真正獲得益處。

　　我們真心希望大家生活有常、健康有常，關鍵就在「實踐」。

編輯部

〈引子〉

許多「病」，只有自己才能「治」

　　我的一位密友，她先生是一所著名學府的副教授，從事電腦軟體開發，他曾告訴我一個受到醫生「驚嚇」、令人啼笑皆非的親身經歷。

　　幾年前的一個暑假－－說暑假，當然是對老師或學生而言，是的，當時他在讀博士。一天，他臉上出現了紅色的點點，又痛又癢，十分愛惜自己的他，立刻到學校醫院就診，校醫診斷為溼疹，一邊給他開藥，一邊明確地告訴他，這個病沒有特效藥，無法根治。

　　出了醫院，他心想，這校醫大概只是二、三流的醫生吧？臉上起了一些點點就無藥可治了？他拿了藥之後，轉身就去了市裡一間最著名的醫院，掛了皮膚科的專家號（名醫掛號）。這大概也是常人的心理，要求證一個結論，總要找出一個反證。令他沒有想到的是，這皮膚科的主任醫生，最後的結論居然和校醫一樣！

　　他拿了處方，卻沒有去批價取藥，因為上面的藥和校醫開的差不多。回學校的路上，他不免有點沮喪，二十多歲的年華，就得了被醫生斷定為「無藥可治」的溼疹；也不免感慨，在專業學習中，老師們總說「方法就在前面」，只有已知和未知的區別，不存在有和無，甚至絕不可以說「無」。他篤信老師的教導，並且憑著這一信念解決過許多科研難題，可是，救死扶傷的醫生說出「無」字，怎麼就那麼輕鬆呢？

　　鬱悶之下，他到一個小館子叫了幾個小菜兩瓶啤酒，想起醫囑說不能飲酒，只好作罷。回到宿舍，便犯了「職業病」：

研究！他上網搜尋「溼疹」，網上對溼疹的解釋倒是非常全面，他也深信其專業權威，可這權威的解釋更讓他頭皮發麻，無論是中醫還是西醫，都說溼疹有反覆發作的特性！

接下來幾天，我們這位博士一邊使用校醫開的藥，一邊體會「反覆發作」的滋味，同時積極研讀網上關於溼疹的介紹。資料上說，溼疹根據皮膚類別，分為急性溼疹、亞急性溼疹和慢性溼疹；還有根據發病年齡、性別和患病部位的諸多分類，發病因素包括遺傳、環境、感染、藥物、飲食及其他。

明明有這麼多不同，他的醫生卻只籠統地說是「溼疹」，然後便下結論說「無藥可治」。他心裡十分不快，卻沒有解決的辦法，也不可能去找醫生理論，醫生總是「有理」的。

幾天以後，他回了一趟老家，到家時還為忘記帶藥而懊惱，不過因為在家待的時間很短，「將就」幾天應該也無大礙，這麼想著也就寬心了。

回到學校後，他立刻急著用藥，用歸用，痛和癢一樣不耽誤。這豈只是反覆發作？根本是持續發作！

一天，他給家裡打電話，跟母親嘮叨自己的病症，他媽媽心疼地抱怨：「這麼嚴重的病，在家的時候怎麼不說呀？」真是一語驚醒夢中人，是啊，在家的時候，他臉上的點點並不那麼痛癢，還好幾次違背醫囑喝酒了！

博士開始疑惑了。一天傍晚，臉上有點癢，他去洗了一把臉，結果狀況變得更嚴重。他忽然想，是不是這個水惹的禍？他說，因為管道維修，他所在的宿舍大樓停水，要用水時，都要走到校園裡的洗手台，半個多月來，幾乎天天這樣。那裡用的不是自來水，而是井水。他感覺是水出了問題，於是決定不惜時間和體力，每天走到更遠的教學大樓，用那裡的自來水，再也不用「井水」洗臉了。

接下來一兩天，臉上立刻舒服許多。是藥物的作用，還是改變用水導致的呢？博士自有博士的方法，他決定做人體試

驗,先停藥。隨後一週,臉的狀況越來越好,紅色點點最後消失了!

接下來誰都猜得到,他的溼疹好了。博士告訴我:「我左等右等,一直在等我的溼疹發作,現在已經五年過去了,再也沒有發作過,我想請問欒博士,哦,現在應該叫您欒醫生了,這叫反覆發作嗎?這叫無藥可治嗎?」

親愛的讀者,也許你覺得這個故事平淡無奇,但正是這麼一個平淡無奇的故事,驅使我寫下了這本書。我在廣州中醫藥學院攻讀中醫藥碩士、博士的五年裡,親歷或聽說的驚人醫案成百上千,許多甚至關乎性命,但這個算不上醫案的「醫案」,卻讓我思索良多。

時間過去幾年了,我們沒必要追究當年那個校醫和皮膚科專家是否誤診,雖然誤診是現代醫療中的「頑疾」,但我想得卻更深廣——我希望讀者、患者能反覆思考並實踐的是,這位博士的思維。這也是我求學期間不斷思考的話題,當然也可以斷言,是我今後幾十年行醫生涯中,必須經常遇到的挑戰。

醫生應該怎麼診斷,才能不至誤人性命或誤人錢財?對大家而言,疾患難免,又有多少疾病,可以利用這位博士的思維,給自己「治病」?所以,這個平淡的故事,是我寫作本書的動機;傳達故事背後的道理和哲學,是我寫這本書的使命。

如果大家能理解我以那位博士自己治溼疹的經歷,作為本書引子的深意,就等於理解了本書的一半。這當然不夠,我更要幫助讀者找到應對常見疾病的方法,說俗氣一點,就是提供常見疾病的「解決方案」,這就是書中「易經識病」的含義。

我很希望大家能透過本書,體會並享受到鮮活、豐滿、靈秀而快樂的健康!

欒加芹

上篇

《易經》識病通方

〈導言〉

進入《易經》之前：淺談人體自療的兩大基石

　　中國有句俗語叫「久病成醫」，意思是說，一個飽受疾病折磨的人，久而久之都會看病了。久病成醫背後往往都有許多悲哀的故事，在現實生活中，也常有久病成醫的案例，可悲的是，許多的「久病」原本是可以避免的。

　　我們總是希望，不經久病也可「成醫」，當然這裡說的醫，不是指以治病為業的醫生，而是對自己健康或疾病有一定掌控能力的人，也就是「做自己優秀的醫生」。

　　話說回來，即便是做自己的醫生，也得經過訓練。那麼，是三年五載的專業知識訓練嗎？是「閱人無數」的實際臨床訓練嗎？不！都不是，這裡說的訓練，是源於生活、高於生活的思維訓練，也就是之後會提到的「《易經》識病」。

　　在開始訓練之前，我們先引入本篇的主要概念——黑盒子。

　　「黑盒子」（black box），是電腦軟體測試領域中一個非常著名的測試方法，又稱為功能測試或數據驅動測試，測試者不需了解程式的內在邏輯，只需根據規格說明書的要求，來檢查程式的功能是否符合。黑盒子代表一個比喻，當我們不明白某個事物的內部結構和工作原理，它對我們來說就是一個黑盒子。

　　與黑盒子測試相對的，就是白盒子（white box）測試，這必須要軟體工程師才能完成。簡單來說，黑盒子測試，是從使用者的觀點測試軟體；白盒子測試，則是從設計者觀點測試軟體，測試者必須懂軟體本身才行。

　　疾病的診斷，和黑盒子測試、白盒子測試是異曲同工。醫生，就相當於白盒子測試的軟體工程師，他的眼裡和腦子全是人體結構和疾病的內在邏輯；而我們患者，就相當於黑盒子測試的軟體使用者，只要有一張說明書，就能夠測試軟體性能。

　　本書，就是要給你提供一張洞察健康黑盒子的「通用說明書」，讓我們在訓練自己思維的時候，不必依賴龐雜的專業醫學知識或理論體系，更不會陷入哲學的泥沼，只需記住兩個通俗卻重要的命題，也就是人體自療的兩大基石：「在把疾病交給醫生之前，務必自己搜索病因」及「所有外部因素，都能影響人體健康」，就足以透視疾病基因，並將健康掌握在自己手裡。

把疾病交給醫生之前，務必自己搜索病因

　　如果你聽到這句話，第一個反應是「自己找病因？太難了吧？」很抱歉，那你真的得好好閱讀本篇了。本篇的中心只有一個：大部分常見疾病的病因，比患者的想像和醫生的分析都來得簡單。這是我們人體自療寶典的第一大基石，也是你要訓練的思維。

　　當然，看似簡單的一句話，真正實踐起來也許要一生一世，關鍵是要訓練「找出原因的能力」。為了幫助大家提升這種能力，我提供一個公式：

　　病因＝生病前的日常生活（習慣）- 健康時的日常生活（習慣）。

　　本書中，我們經常會用到這個公式，希望大家平常在對待疾病時，也可以利用它。運用這個公式有兩大前提，一是你不懂醫學，這樣健康在你的眼裡才是一個「黑盒子」，如果讓滿腹經綸的醫生用這個公式治病，麻煩就大了，但對於不是醫生的你來說，卻是剛剛好；第二個前提是你熟悉自己的生活，

這聽起來像是廢話，但實際上有很多人都列不出自己的生活細節。

想按照上述公式得出疾病的病因，還有一件重要的事情要做，就是根據這個原因，確定是自己解決還是求助醫生，這也要用到一個類似於廢話的原則：自己能解決的靠自己，自己解決不了的找醫生。之所以說是「類似於廢話」，是因為有很多人經常把握不好這個尺度，明明可以自己解決的卻習慣性地去醫院，明明需要求助醫生的卻依賴自己。

所有外部因素，都能影響人體健康

「影響」是一個籠統的說法，精確的表述應該是：所有的外部因素，對人體健康都有正反兩面的作用。

聽起來似乎是常識，但很多人不自覺地違背這個常識。

先舉一個大家熟悉的例子——吸煙。吸煙有害健康，只要不是死鴨子嘴硬的人，都會承認這一點。吸煙會導致人得肺氣腫、肺癌等疾病，即使還沒有得病，大家也相信吸煙是會致病的。但是，煙草也是一味良藥，能夠治療胃泛酸。這樣的例子很多，毒品中很多都是藥，能置人於死的砒霜也是藥。

再舉一個例子，就是 2008 年給中國億萬消費者留下陰影的飲品——牛奶。

2008 年秋天，億萬中國消費者知道了一個聞所未聞的驚悚事實，從出問題的三鹿奶粉開始追查，居然有 22 家奶粉廠商、69 種品牌的奶粉和液態奶含有三聚氰胺。即使這場奶製品的信任危機已快平息，但也給了我們這些普通消費者一個警惕。

但儘管問題不斷，也擋不住人們對牛奶的渴求，畢竟在人們的經驗中，牛奶對於人的健康有太多益處。但很多人不知道，即使是新鮮健康的牛奶，也會導致蕁麻疹、哮喘及各種婦科炎症。

　　我在本書中會列出牛奶致病的案例，即使我不列舉，你也未必沒有這樣的經歷或見聞。只是，你，甚至是醫生，第一時間都不會把疾病的原因歸到牛奶身上。牛奶一方面強身健體，一方面又招致疾病，把兩方例證擺在一起，就不難得出結論：牛奶有益於這個人，卻有害於那個人；或者說牛奶此時有利，彼時有害。

　　任何一樣東西都是如此，食物如此，藥物如此，其他與人的健康有關聯的事物或現象——運動、情緒、生活方式、居住環境也都是如此！

　　我再重複一遍，人體自療寶典的的兩大基石是：

· 把疾病交給醫生之前，務必自己搜索病因。與此配套的一個公式：病因＝生病前的日常生活（狀況）－健康時的日常生活（狀況）。

· 所有外部因素，都能影響人體健康，有正反兩方的作用。

　　本書就圍繞這兩大基石，來展開從《易經》出發的、疾病與健康的智慧之旅。

第一章

用易經認識你的疾病：

八卦為窺疾病之「管」

中國有俗話說「當局者迷，旁觀者清」、「不識廬山真面目，只緣身在此山中」，人與自己的疾病往往就是這種關係。治療，西方叫「看醫生」，英語是「see a doctor」，還有「consult a doctor」，consult 是協商、磋商的意思，基本上就是患者和醫生商量著辦；漢語叫「看病」，也是一個縮語，就是讓醫生看我們的病，帶著「交付」、「託付」的意味。

中國的醫患關係中，患者基本上是沒有自主權的，一旦與醫生「交會」，就是要聽醫生的，這一方面似乎是傳統，另一方面是患者對自己疾病的懵懂。在這裡，我希望可以培養大家「俯視疾病」的觀念，並提供俯視自己疾病的高度、視角和方法。

1. 醫易同源的真諦

自古有「醫易同源」之說，古人更說「不知易，無以為太醫」，可是千百年來，易學經典《易經》與中醫醫學經典《黃帝內經》卻有著迥然不同的命運。《黃帝內經》被奉為醫中圭臬，受到一代接一代的推崇，而《易經》遭受的更多都是曲解和誤解。我想，這斷然不是《易經》的問題，而是人的問題。

我不想糾纏於《易經》是科學還是迷信的爭論，這樣的爭論可說是由來已久，也可斷言會長期持續。迷信的概念本身也是動態的，在 6、70 年代，「迷信」是封建落後的代名詞；如今，迷信已經逐漸回歸到其字面意義，「癡迷地相信」。現代人的「迷信」，已經轉為另一種形態，而且非常嚴重。例如迷信醫生，再小的病也要求醫；迷信名醫和大醫院，一些名醫院的專家號成了黃牛的財源[1]，這是中國醫療界的一個「頑症」。

另一個極端，在近幾年也顯出端倪，就是迷信大眾健康書的作者，我也成了迷信的對象。我的著作相繼出版後，我的網站幾乎被尋醫問藥的留言擠爆，許多問題更讓我無奈和迷茫。許多人，對自己的健康缺乏主宰的態度和能力，這是我心憂之所在。

從《易經》談到迷信，我是想在這裡再次強調本書的宗旨，就是：「俯視疾病」！

其實我深知，作為患者，要俯視自己的疾病很不容易，患者不能俯視自己的疾病，主要原因當然是缺乏足夠的醫學知

1　專家號，亦即「名醫掛號」。由於中國醫療資源配置嚴重不均，大醫院人滿為患，無論大小病，民眾流行找名醫看診。因此掛「專家號」成了困難的一件事，許多知名醫院甚至出現一號難求的現象，因為大多數專家號被「號販子」，也就所謂的黃牛給壟斷。

識，不能像庖丁解牛那樣「以無厚入有間，恢恢乎其於游刃必有餘地矣」。是啊，如果人人都能如此，還要醫生做什麼呢！現實生活中的我們，對待自己的身體和疾病，就像「盲人摸象」；實際上不僅僅是患者本人，有時候醫生看病也是盲人摸象。

要俯視自己的疾病，高的境界當然是洞若觀火或明察秋毫，不過這只是一種理想，也可以說沒有這樣的必要。

有必要的是，獲得一個俯視疾病的高度或視角，《易經》就是這樣一個高度，但要掌握《易經》太過困難，可謂《易經》不易。我們不要求掌握易經———一如同我們不要求掌握中醫理論，但需要建立對《易經》的接納，至少潛意識不要對《易經》抱敵對態度，這就足夠了。

我在書中會導入相關的知識，這些知識並不是教科書的系統，而是來自我的親身實踐。《易經》對於我，不是與生俱來的天降之物，而是我在實踐中「領悟」出來的。我對《易經》的應用，如果有益於大家發現、治療疾病，我絕不會吝於分享。

「醫易同源」之說，也許經不起學術的論證，從《黃帝內經》到《神農本草經》，中醫正統的、核心的經典著作中並沒有太多《易經》的著墨。但如果我們跳出這種考證式的思維模式，就反而更容易理解「醫易同源」的真諦。

本書試圖把中醫和《易經》置於「對話」之中，結果發現兩者真能相通，我提供給大家的相關案例，只是我所認識的結果，至於過程，書中是忽略了的，有興趣的讀者可以和我討論、互動。

2. 八卦：窺疾病之「管」

首先，我們來了解《易經》使用的八個基本符號及其含義：

乾☰、坤☷、震☳、巽☴、坎☵、離☲、艮☶、兌☱

「乾☰：乾為天、為圜、為君、為父、為玉、為金、為寒、為冰、為大赤、為良馬、為瘠馬、為駁馬、為木果。」

乾卦代表天，代表圓環，代表君王，代表父親，代表玉石，代表寒冷，代表冰，代表大紅色，代表良好的馬，代表瘦馬，代表（有牙而能吃虎豹的）駁馬，代表樹木的果實。

「坤☷：坤為地、為母、為布、為釜、為吝嗇、為均、為子母牛、為大輿、為文、為眾、為柄、其於地也為黑。」

坤卦代表土地，代表母親，代表布匹，代表做飯的鍋，代表吝嗇，代表平均，代表能夠多生多予的母牛，代表大車，代表紋理，代表眾多，代表把柄，對土地來說代表黑色土壤。

「震☳：震為雷、為龍、為玄黃、為敷、為大塗（途）、為長子、為決躁、為蒼筤竹、為萑葦。其於馬也，為善鳴、為馵足，為的顙。其於稼也，為反生。其究為健，為蕃鮮。」

震卦代表雷，代表龍，代表黑黃色，代表花朵，代表大路，代表長子，代表果決急躁，代表翠竹，代表蘆荻。在馬之中，代表善於嘶鳴的馬，代表左腳白色的馬，代表白額的馬。在莊稼之中，代表初生時先向下扎根再破土而出的莊稼。發展到最高程度則剛健，代表繁茂鮮明。

「巽☴：巽為風、為木、為長女、為繩直、為工、為白、
為長、為高、為進退、為不果、為臭。其於人也，為寡髮、為
廣顙、為多白眼、為近利市三倍。其究為躁卦。」

巽卦代表風，代表花草樹木，代表長女，代表測量直線的
準繩，代表白色，代表長遠，代表高，代表有進有退，代表不
果斷，代表氣味。在人之中，代表頭髮稀少，代表額頭寬闊，
代表眼白較多，代表能獲得三倍的利潤。發展到極限則是代表
急躁的卦。

「坎☵：坎為水、為溝瀆、為隱伏、為矯輮、為弓輪。其
於人也，為加憂、為心病、為耳痛、為血卦、為赤。其於馬
也，為美脊、為亟心、為下首、為薄蹄、為曳。其於輿也，為
多眚、為通、月、為盜。其於木也，為堅多心。」

坎卦代表水，代表溝渠，代表隱藏埋伏，代表矯正或彎
曲，代表弓形和車輪形。在人之中，代表增添憂愁，代表心理
疾病，代表耳朵痛，代表血液，代表赤紅色。在馬之中，代表
脊樑很美，代表內心急躁，代表低頭，代表馬蹄很薄，代表拖
拖拉拉。在船之中，代表多災多難，代表暢通，代表月亮，代
表盜賊。在樹木之中，代表堅硬而又多心。

「離☲：離為火、為日、為電、為中女、為甲冑、為戈
兵。其於人也，為大腹，為乾卦。為鱉、為蟹、為蠃、為蚌、
為龜。其於木也，為科上槁。」

離卦代表火，代表太陽，代表閃電，代表中女，代表鎧
甲，代表兵器。在人之中，代表腹部較大，是代表乾燥的卦。
代表鱉，代表螃蟹，代表螺，代表蚌，代表烏龜。在樹木之
中，代表中空而又上部乾枯。

「艮☶：艮為山、為徑路、為小石、為門闕、為果蓏、

為閽寺、為指、為狗、為鼠、為黔喙之屬。其於木也，為堅多節。」

　　艮卦代表山，代表窄小的路徑，代表小石頭，代表門樓，代表瓜果，代表守宮門的人和宮中的小臣，代表手指，代表狗，代表鼠，代表黑嘴的鳥類。在樹木之中，代表堅硬而又有很多節的。

　　「兌☱：兌為澤、為少女、為巫、為口舌、為毀折、為附決。其於地也，剛鹵。為妾、為羊。」

　　兌卦代表湖澤，代表少女，代表與神鬼相通的巫師，代表口舌，代表毀傷折斷，代表順從裁決。在土地之中，代表土壤堅硬的鹽鹼地。代表小妾，代表羊。

　　以上引文引自《易經・說卦傳》。從這裡對八卦的解釋，可以看出先人將世間事物和現象的分類，全部歸到八個卦象之中。當然，幾千年前人們認識的範圍比較狹小，不能真的包羅萬象。但是，這裡列舉的事物和現象，許多在現今仍然普遍存在，即使有些已經不存在，還是能找到類似的。

　　其中很多事物或現象，都與人的健康有關，這也是可以根據八卦來推論、對照人類疾病的原因。如果換一個角度，我們可以說，八卦是窺疾病之「管」。

　　※特別提示：本書後面的章節中，特別是〈常見食物「致病因果」分析〉一篇中，會有很多諸如「坎水」、「離火」等的名詞，指的就是某種物質或現象具有坎卦、離卦的屬性，而坎卦和離卦分別代表水和火。同理，出現的「兌澤」、「巽木（風）」也是這個意思。只不過，「坎水」、「離火」出現的頻率更高，因為水和火與人的疾病、與食物的屬性關聯最為緊密。

3. 人以及疾病的八卦屬性

　　世上沒有兩片相同的樹葉，自然，也沒有兩個相同的人。

　　性格是人的重要屬性之一，從性格的角度能對人進行一定的區分：

　　有的人樂觀，喜歡熱鬧，喜歡笑；

　　有的人積極向上，渴望出人頭地，即使很疲倦，仍打起精神，努力再努力。

　　有的人固執，很難受到環境或者別人的影響。

　　有的人虛榮，跟著社會的潮流前進。

　　有的人頭腦冷靜，看問題一針見血，富於創造能力。

　　有的人非常熱情，直爽，愛打抱不平。

　　有的人總是很容易生氣，常一些小事就怒氣沖天。

　　有的人胸懷寬廣，默默包容著一切，任勞任怨。

　　若把人的性格分為八類，用《易經》的八卦符號表示，則為：

　　性格開朗的人，屬於兌，為澤，主喜悅。

　　精力充沛、積極向上的人，屬於巽。巽為風，其性為運動，為上升。

　　固執之人，屬於艮。艮為山，主靜止，不受外界影響。

　　虛榮之人，屬於坎。坎為水，沒有固定的形狀，裝在什麼容器裡就是什麼形，容易受周圍的人或社會潮流的影響。

　　頭腦冷靜，富有創造力之人，屬於乾。乾為天，為首。

　　熱情之人，屬於離。離為火、為日，感覺溫暖而明亮。

　　易於發脾氣之人，屬於震。震為雷。

　　包容一切，默默奮鬥之人，屬於坤。坤為地，厚德載物。

人與人是不同的，不僅表現在性格的不同，還表現在患病的不同。

大家一起出去瘋一整天，每個人都非常疲勞，結果：有的人覺胃中飽脹，有的人覺心慌氣悶，有的人僅僅咳嗽兩三聲。

大家一起出去不幸淋雨，每個人都又冷又溼，結果：有的人頭痛身疼，有的人嘔吐胃脹，有的人腹痛難忍，有的人僅僅打幾個寒戰，什麼病也沒有。

大家一起聚餐，老友相見，開懷暢飲，喝酒過多，結果：有的人不停地出汗，有的人不停地上廁所，有的人臉色紅，有的人臉色白；喝醉之後，有的人喋喋不休，有的人倒頭沉睡不發一語。

大家都喜歡抽煙，多年間在一起吞雲吐霧，結果：有的人咳嗽痰多，有的人常發胃痛，有的人卻健康無比，從未聽見他一聲咳嗽。

同一種流感病毒襲來，結果：有的人只是咳嗽氣喘；有的人只是高熱不退；有的人只是身疼困乏；還有的人天生有著免疫力，沒有注射疫苗也產生抗體。

※這現象表明：即使是同樣的病因，不同的人也會表現出不同的疾病症狀。

只要注意一下自己和周圍的人，我們還能發現：

某人總是胃部不適。某天不小心受涼，胃就不舒服，噁心想吐；某天不小心吃多，胃又不舒服，噁心想吐；某段時間勞累太過，仍是胃不舒服，想要嘔吐。除了胃不舒服，很少聽說他有別的疾病，或者就是偶爾聽說，也是迅即好了。但他的胃病，就是很容易發作，無休無止。

某人總是頭暈。某天出門受寒，於是立即頭暈；某天吃

得過飽，也立即頭暈；某日過於勞累，也是頭暈；某日吃辣椒過多，立即鼻血直流；某日生氣，又是頭暈。除了頭暈、流鼻血，很少聽說他有別的毛病，或者就是偶爾聽說，也幾乎立即痊癒了。只是他的頭，永遠都容易生病，百般治療，均不能根除。

某人總是小便出問題。受寒之後，無別的症狀，就是小便過多，沒有喝水，也需要不停地上廁所，十分鐘就去一回，每次小便的量還很多；中暑之後，也無別的症狀，就是小便很多，需要不停地上廁所，但每次小便的量沒那麼多；勞累之後，又是小便次數多；吃了太多酸辣油炸的食品，則不僅小便多，小便時還會疼痛，甚至帶血。除了小便的問題，也很少聽說他有別的疾病，或者前一天聽說，後一天他就已經痊癒了。

※這現象表明：即使是不同的疾病，同一個人常表現出同樣的症狀。對某一個人而言，有些病自癒能力很強，有些病卻非常頑固。

從人容易生某種病的角度，我們同樣可以進行分類，而且，這種分類，同樣可以用八卦符號來刻畫。

總是頭痛、頭暈、流鼻血，病在頭部，屬於乾卦。乾為頭。

總是胃痛、胃脹、嘔吐，病在胃部，屬於艮卦。胃為燥土，屬於艮。

總是尿頻、尿急、尿血，病在小便，屬於坎卦。坎為水。

……

在研究疾病症狀之時，如果你精通中醫的藏象學說[2]、五行

---

2 藏象學說，研究人體各臟腑、組織器官的生理功能、病理變化及其相互關係，以及臟腑組織器官與外界環境相互關係的學說。

學說、經絡學說，你會發現，很多人在面臨不同的病因時，所出現的看似不同的症狀，其實從病根而言，恰屬於一個藏象系統。如某人不僅常常尿頻，還常常腰痛等。

　　從疾病角度對人進行分類，有些人容易分，像上面所舉的例子；有些人則不容易，需要精通上面列舉的中醫各種基本理論。不過，我說這個只是希望大家知道，人也可以從易罹患的疾病這個角度，進行基本分類罷了。

　　從疾病角度對人進行分類，與從性格方面對人進行分類，結果是一樣的。性格為乾卦的人，其疾病常表現在頭部，也為乾卦；性格為兌卦的人，其疾病常表現在肺部，也為兌卦；性格為艮卦的人，其疾病常表現在胃部，也為艮卦。其他卦象均與此類似。

　　是不是覺得有點趣味？如果再深入一些，就會發現，這不僅有趣，而且還很實用。

4. 出生日期，疾病之「母」？

小時候，我們大多給算命先生算過命，根據出生年月日時，對應天干地支，據此推算自己的命運。我不信算命先生，我堅信命運是算不出來的。可是，我在研究五運六氣時，卻發現人的疾病與生辰，確實存在著某種聯繫。

從出生日期定出的個人卦象，與從人的性格或易罹患的疾病顯示的卦象，幾乎一致。比方說，從出生日期定出這個人屬乾卦，那麼，他性格的最本質，也恰可以用乾卦來刻畫，他也最容易罹患頭部的疾病。

這個結論是不是相當驚人？從性格面定的卦象，與疾病面的卦象一致，或許尚可解釋為性格決定行為，行為決定疾病。但每個人最本質的性格，竟然是由出生日期決定的？

對於從小接受現代化科學教育，專攻數學，專業原為計算數學與電腦應用軟體的我來說，初發現這樣的結論時，簡直不敢相信。然而，分析周圍各人與眾多患者的情況後，卻又不得不相信，這個結論沒有錯。

我苦思原因，末了懷疑：胎兒在母體中是受到保護的，不像人出生後，會與天上星體所發射的光線直接交流。人從出生的那一刻起，便開始獨立呼吸，獨立開始自己的時光旅程。對於一個人來說，起點是非常重要的。

說出生日期難以理解，說原生家庭可能會好理解得多，帝王之後與乞丐之後，其一生的命運可以說有天壤之別，雖然有諸多因素可以改變命運，但出生對於人的命運，其決定作用是無法抹殺的，這恐怕是世事的基本規律。人出生的那一刻所面對的時光，或者準確地說，所面對的天上星體所投射下來的光線，對生命歷程來說，就等於人所出生的原生家庭。

　　我不知道自己的闡釋能否服眾，要說清楚這個問題很不容易，但我之所以把自己的發現寫在這裡，就是確信自己的發現經得起考驗。我在接受諮詢的過程中，只要判斷患者的疾病時，加入生辰卦象的因素，結果就會精準許多。

5. 根據出生日期，定個人卦象的方法

依據人的性格、易罹患的疾病及出生日期，都可以進行八卦的分類，結果到最後都是一致的。因此，用出生日期給人定卦，不但最方便，也最不會產生爭議。由出生日期所定的卦象，稱為個人的屬性卦。具體的定卦方法如下：

⑴去網上查詢周易萬年曆，把出生日期換算成天干地支。比如說，某人出生於陽曆 2006 年 11 月 10 日，換算成天干地支就是：丙戌年，戊戌月，癸卯日。

⑵在天干裡，我們取陽干代表陰爻（--），陰乾代表陽爻（一）。也就是凡出現甲、丙、戊、庚、壬的，以陰爻代替，凡出現乙、丁、己、辛、癸的以陽爻代替。

⑶以年干為最初爻，月干為中爻，日干為最上面的一爻作一卦，即是此人的屬性卦。如上面的例子中，年干為丙，月干為戊，日干為癸，年干、月干為陰爻，日干為陽爻，由下而上將它們組合得到的卦，就是艮卦（☶），即此人的屬性卦為艮卦。

需要注意的是，網上的萬年曆有很多種，一般情況下，各種萬年曆根據出生日期所換算的天干地支是一致的，但有極個別的情況是不一致的。詳細研究過各種萬年曆的差別後，我向大家推薦周易萬年曆，而且不選節令交接的那種。

6.「以不變應萬變」的治病方法：原穴

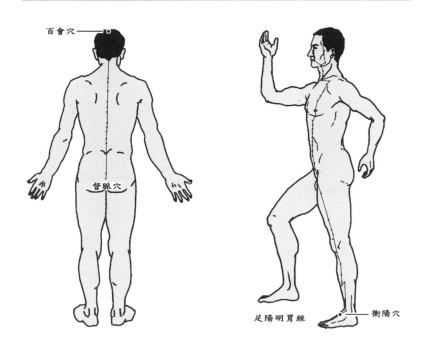

有了各人的屬性卦，可以得到一個極為簡易的治療法，那就是取與自己屬性卦相對應的五臟六腑的原穴。

人與人相比較，可以得到各人的屬性卦。每個人體內都有五臟六腑，這五臟六腑，也各有自己的八卦表示。如頭對應於乾卦，簡略寫成頭——乾；與此對應，脾——坤；胃——艮；心——震；膽——離；肺——兌；腎——坎；巽——肝。如果一個人屬於巽卦，那麼，與這個人對應的臟腑便是肝，相對應的原穴，便是足厥陰肝經的原穴太衝穴。為方便大家看，我們直接把個人的屬性卦，與原穴的對應關係列出來。

乾卦——頭——百會穴。百會穴可以視為督脈原穴。

坤卦——脾——太白穴。太白穴是足太陰脾經原穴。

震卦——心——神門穴。神門穴是手少陰心經原穴。

巽卦——肝——太衝穴。太衝穴是足厥陰肝經原穴。

坎卦——腎——太溪穴。太溪穴是足少陰腎經原穴。

離卦——膽——丘墟穴。丘墟穴是足少陽膽經原穴。

艮卦——胃——衝陽穴。衝陽穴是足陽明胃經原穴。

兌卦——肺——太淵穴。太淵穴是手太陰肺經原穴。

　　根據自己的卦象來找到自己的原穴，可以用它來治療許多疾病，我稱之為「以不變應萬變」的治療法。

　　我們來看一些具體實例。

　　有一個十多歲的男孩，是朋友之子，他的出生日期顯示他是艮卦之人。一般說來，他很容易嘔吐、胃痛，受涼也嘔吐，吃錯也嘔吐，就連疲倦了也會嘔吐。可是某日，他咳嗽了，尋常的咳嗽一般都從肺論治。然而，他屬於艮卦，原穴是足陽明胃經上的「衝陽穴」，因此不應只從肺部治療。我對朋友說，給他取兩側衝陽穴，用穴位膏貼。結果，衝陽穴貼後，這個艮卦孩子的咳嗽隨即消失了。

　　這個例子中所提到的穴位膏，是我模擬穴位起效的機制，研製出一種用來代替針灸的膏藥。如果沒有膏藥，按摩扎針也一樣有用。

　　為什麼與個人屬性卦對應的原穴，具有「通知」人體疾病的效果呢？

　　直接解釋有點困難，給大家打個比方吧！譬如，一個國家裡有若干黨派，其中一個是掌管國家的執政黨。在這個國家裡面觀察，會看到各黨派的情況；從這個國家外面觀察，就只會看到執政黨的情況，或者說，這個執政黨就代表了這個國家。

　　人體，與這種國家體制幾乎差不多。人都有五臟六腑，在

詳細研究人體內部的時候，五臟六腑都需考慮；但若從體外觀察一個人，這五臟六腑中的「執政之臟」就很重要了。

人的屬性卦所代表的臟，就是人體的「執政者」。一個人的屬性卦若是巽卦，巽卦在五臟的卦象中又對應肝臟，那麼，肝臟對於巽卦的人就尤其重要。

對於這在人體「執政」的臟腑，它的原穴又具有更重要的作用。

原穴的「原」，是本源、根源的意思，對於「執政」的臟腑來說，等於是它的中央政府。既然是中央政府，當某人出了事，直接找上國家的最高首腦，只要問題不大，肯定就能立刻解決。也因此，人體的小毛病在直接找上人體的「中央政府」後，很快就能痊癒。

當然，倘若執政黨的力量，與其他力量的對比嚴重失衡，國家大亂，人體自然會生大病。這時，就算有事找中央政府，大概什麼事也辦不成，回歸於人體，就是處理原穴也沒用。雖然沒用，但如果想恢復健康，還是得先強化人體的首腦機構，人體的疾病才有望最終自己恢復。所以，無論是想消除小毛病，還是想根治大病，「原穴」都是治病的要穴，也是人的生命要穴。

增強原穴的力量，在大病的恢復上，較不容易馬上看出療效，但小毛病則是很容易見效的，就像上面的例子，艮卦的小孩咳嗽了，處理衝陽穴，咳嗽立即痊癒。所以，推薦大家用原穴治小毛病，或者是不大卻很煩人的疾病吧！不需辨證或診斷，直接使用原穴即可。

上面的解釋可能不太好懂，不過，看不懂也不要緊，大家只要記住一點：每個人的屬性卦皆對應一個臟腑，這臟腑有自己的原穴，而原穴可用來「以不變應萬變」，治療許多疾病。

再給大家看個例子。

我的一個朋友某日請客，做了許多冷菜，後來又吃了西

瓜，加上疲勞，於是腹瀉了。腹瀉一天之後，她向我諮詢，我對她說，用穴位膏貼左側內關穴。第二天晚上，她告訴我，腹瀉是止住了，但屁實在多，一整天沒完沒了，同時肚臍周圍覺得涼涼的不舒服。

她之前只告訴我腹瀉，這時才告訴我冷飲和西瓜之事。春天吃西瓜，豈非自己找病來生，但已經生病，不好說她，便要她用驅寒的膏藥混合穴位膏貼左內關穴，這次貼後，屁止住了，但卻感覺腹脹，像便秘的樣子。由於當時正忙著做事，沒空細想，就讓她用穴位膏直接貼兩側神門穴。

她的出生日期顯示她是震卦之人，震卦在人體對應於心，神門是手少陰心經的原穴，我便讓她貼這個穴位。這次貼後，腹脹緩解了，但她說有點痛，不過隨即緩解，那時大約晚上 9 點多鐘，她便上床睡覺了，次日清晨醒來，基本上已好得差不多。不僅這次的腹瀉，以前她曾有過小腹發脹，但月經就是該來不來的情況，也用穴位膏貼這兩神門穴治好了。

所以，原穴真的好用吧！在不想動腦筋時，我常讓人先用原穴試試看，多數時候效果都很不錯。

我的另一友人，由於 2007 年冬天過於勞累，2008 年年初二就開始咳嗽，一咳就是一個月，到後來咳得整晚不能睡。因為她也懂點中醫，試過諸多方案，到最後實在沒輒，才來問我，我告訴她貼兩側太溪穴看看。這個朋友的出生日期顯示她是坎卦之

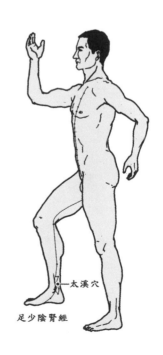

太溪穴

足少陰腎經

人，坎卦，在人體對應於腎。太溪，是足少陰腎經的原穴，故而讓她選擇此穴。結果呢，她的咳嗽迅速緩解，兩日後痊癒。

　　這樣的例子很多，故而不再一一列舉。大家只要記得，不舒服時，先找與自己屬性卦相對應的原穴試試。很多時候你會感慨，原來醫學就這麼簡單呢！不過還是要提醒大家，原穴雖然好用，能處理許多疾病，但可不能所有的病都指望它。就像你不能指望一個國家裡，執政黨能解決所有的問題吧？畢竟，「縣官不如現管」，遇到複雜的疾病，還是找醫生做專業的分析治療比較好。

7. 根據屬性卦，選擇適合的食物

　　不知道大家有沒有聽說過「同氣相求」這個成語，辭典上的解釋，是「同類的事物相互感應」，在《易經》或中醫裡則算專業術語。簡單地說，是具有共同屬性的東西，本能地會有互相輔助補益的作用。把這個原理用在飲食上，會大大增益我們的健康。

　　我在本書的〈常見食物「致病因果」分析〉等篇目中會反覆印證和強調，人對賴以生存的食物有一種適應性，對食物的選擇要因人而異、因時而異。〈常見食物「致病因果」分析〉主要是從食物致病的角度，來討論飲食和疾病的關係，也就是「相剋」，這裡則是從「相生」的角度切入。

　　限於篇幅，這裡只能給大家提供「適合」的食物清單。大家不妨先體驗一段時間，如果有效，再推薦給朋友。

　　要訂出適合各人的食物，分類的標準很關鍵，同氣相求，首先要明訂「同」的標準。像性別、年齡、職業等，都不能制定出具可信度的食物譜系，而按照人的八卦屬性，則是相對合適的標準。

　　讀完前面「根據出生日期定個人卦象的方法」後，大家應該已經知道自己的屬性卦了吧？如果還不清楚，請回到前面，確定好自己的屬性卦，再來看下面的清單。

　　先說明一下，這份清單既包括每天都離不了的米、麵、豆、蔬菜、瓜果，也包括動物類，還包括平時不一定會吃的補益類食材，及介乎食藥之間的食物。總體來說，是屬於較寬廣的食物譜系。從這份清單也可看出，對於某個屬性卦的人來說，哪些食物是不太適合的。

· 「乾卦」之人適合的食物：桂圓、核桃、蠶豆、靈芝、馬肉、鱸魚、海蜇、草莓

· 「坤卦」之人適合的食物：蓮藕、蓮子、荸薺、大米、小麥、大麥、扁豆、墨魚、泥鰍、烏魚、鯽魚、烏雞、三七、石斛、雞胗、阿膠

· 「震卦」之人適合的食物：高粱、菠菜、荷葉、綠豆芽、黃豆芽、蒜黃、韭黃、竹筍、血、豬蹄、雞爪、蘆薈、鴿子、鹿肉、鹿茸、麥冬、綠茶、蓮心、桃、石榴、谷芽（穀芽）、涼粉

· 「巽卦」之人適合的食物：蕎麥、豌豆、枸杞葉、三七花、海帶、萵苣、豌豆苗、黑豆芽、綠色花椰菜、青菜苔、蒜苔、芹菜、青蘿蔔、胡蘿蔔、空心菜、茼蒿、蘆蒿、雞、鵪鶉、鵝、青黃瓜、白茅根、葛根、甘蔗、大青棗、番石榴、奇異果

· 「坎卦」之人適合的食物：大米、豇豆（菜豆）、紅豆、綠豆、豆漿、牛奶、茭白、大白菜、白蘿蔔、水芹菜、鴨、青蛙、貝類、海參、銀魚、帶魚、地瓜、梨、雪蓮果、山藥、白茯苓、冬蟲夏草、燕窩

· 「離卦」之人適合的食物：麵包、玉米、紅薯、紫蘇、馬蘭（雞兒腸）、大蒜頭、洋蔥頭、韭菜、蕨菜、紫菜苔、紫包菜、芋頭、心裡美蘿蔔（紅心蘿蔔）、酸菜、公雞、野雞、荔枝、葡萄、黑棗、李子、櫻桃、桑椹子、山楂、葵花籽、松子、土茯苓、何首烏

- 「艮卦」之人適合的食物：小米、栗子、馬鈴薯、南瓜、老黃瓜、木瓜、苦瓜、高麗菜、牛肉、豬肚、駱駝肉、黃魚、飴糖、蜜棗、黨參、黃耆、玉竹、佛手、柑橘、鳳梨、杏子、甜瓜（洋香瓜）、枇杷

- 「兌卦」之人適合的食物：蕃茄（西紅柿）、花生、百合、紅棗、辣椒、蘑菇、冬瓜、絲瓜、紅莧菜、米酒、羊肉、癩蛤蟆、海蜇皮、蘆葦根、枸杞子、西藏人參果、草莓、山竹、聖女果（小蕃茄）、西瓜、蓮霧

　　另外需要說明的是，屬於離卦的人，不宜吃太多屬於坎水的食品；屬於巽卦的人，不宜吃太多屬於兌卦的食品；屬於艮卦的人，不宜吃太多屬於巽卦的食品；屬於震卦的人，不宜吃太多屬於離卦和坎卦的食品；屬於坤卦的人，不宜吃太多屬於離卦和巽卦的食品；屬於坎卦的人，不宜吃太多屬於艮卦的食品。

第二章

常見食物「致病因果」分析

民以食為天」，是充滿智慧的中國古訓，別說是民了，縱使是高官顯貴，或者傳說中的神靈仙家，也得以食為天。人類的發展史，首先就是「吃」的歷史，我們的祖先就是在解決吃的問題過程中進化的。沒有糧食、沒有蔬菜、沒有水……如果沒有任何吃的東西，人就不復存在。

能否有食物可吃，決定著我們是否能夠活著；而吃什麼、吃多少、怎麼吃，在人一生的大多數時間裡和大多數情況下，直接決定著我們的健康。

飲食與健康，當然是一個難以窮盡的大話題，我不想、也難以就這個問題做出泛泛的指導，只能根據我接觸到的一些具體事例，來揭示飲食與疾病間鮮為人知的聯繫，也算是一種警示。

1. 牛奶

・可能導致蕁麻疹

　　一個 17 歲的高中小男生患了蕁麻疹，每天都在晚上 9 點鐘左右發作。

　　蕁麻疹是一種惱人的皮膚病，也是一種極為常見的皮膚病。蕁麻疹是學名，俗稱風疹塊，發病時的紅腫會讓人瘙癢難耐，還會疼痛。蕁麻疹既是常見病，也是頑症，醫學上不能快速根治，有時病程可達數月甚至數年之久。

　　任何疾病的發生都有原因，這位小男生的蕁麻疹也不例外。我請他的母親先找出病因，並教她尋找的方法。他母親不僅「完全照辦」，還發揚光大，自行加上「把床上被褥每天拿到陽光下曝曬」這一項，因為她認為孩子的蕁麻疹可能是不衛生或溼氣引起的。事實上，充滿陽光味道的被褥，並沒有讓孩子的蕁麻疹消失。

　　我有點哭笑不得，衛生習慣及起居環境對皮膚疾病可能會有影響，就像冬天由於換衣服不勤，會導致皮膚瘙癢一樣。但這些因素改變之後，如果症狀沒有消失，就大可排除這些「病因」了，日復一日地曬被褥卻沒有出現效果，說明病因找錯了。於是，我讓他的母親列出他全部的日常生活給我，再來幫他找。

　　可是，在他母親列出的食物與其他東西中，真的沒有找到可能的原因。我決定給他面診，切脈、觀舌、算時間，一番傳統的中醫辨證論治加時間醫學斷症後，我問了這個小朋友一些問題，同時叮嚀他盡量不要喝牛奶。

　　不要喝牛奶？

他一聽到我這麼說，馬上告訴我，每天晚上 9 點，他母親準時給他一杯牛奶；每天喝完牛奶後，他立即就會感到渾身燥熱，接著便發蕁麻疹。

唉，都說晚上睡覺之前喝一杯牛奶會助眠，這位母親怎麼也沒有想到，助眠的牛奶竟讓她兒子「不眠」──蕁麻疹一發作，想睡都難。

牛奶怎麼會導致蕁麻疹？

從西醫的醫理上說，牛奶屬於異種蛋白質，會刺激人體，使人體皮膚產生過敏反應。

從中醫的醫理上說，牛奶屬於坎水，能增強肺的肅降功能，降低肺的宣發功能。肺的宣發功能變差時，會導致肺氣鬱，鬱久生火。肺主皮毛，這鬱火影響皮毛，導致蕁麻疹。

那該怎麼解決？

當然，首先是停喝牛奶。

只要停喝牛奶，他的蕁麻疹就等於斷了一個根。但疾病往往不是「1 － 1 ＝ 0」那麼簡單，於是，我又給他一個綜合的調理處方，在處方中應用了蠶砂。

蠶砂是《本草綱目》中記載的一個小偏方，能夠消除蕁麻疹，每次 30 克（兒童減半）煮水服用，連續 5 天。其實，不用別的藥物，就這蠶砂一味，還真能消除一些人的蕁麻疹。不過對這個孩子來說，即使用了蠶砂，如果不斷牛奶，效果也是大為減半。

・可能導致嘔吐

年近 50 的他，事業有成，言談舉止都散發一股富足味，體型比較富態，但不屬於肥胖。

切脈後，發現他與經常節食減肥的人脈象一樣，於是很吃驚，詢問後得知他的確在減肥。

他所採用的方法是：不吃主食，只喝牛奶，而且大量地喝，直到喝飽為止；之所以選擇牛奶，是因為媒體宣傳牛奶能夠減肥，還有什麼牛奶減肥法。

「減肥」兩週，體重未見減輕，卻生了病：嘔吐！常常一喝牛奶就吐，甚至在同事面前吐出來，讓他極為尷尬，也很痛苦。

像很多人一樣，他「沒想到」是牛奶導致了嘔吐，而是認為自己生病了。然而，事實上，原因就是出在牛奶。

需要說明的是，一般喝牛奶不會導致嘔吐，他的癥結出在一個字：「多」。

多喝為什麼會導致嘔吐？

從西醫的醫理上說，牛奶屬於異種蛋白，會刺激胃。

從中醫的醫理上說，牛奶屬坎水，胃屬艮土。牛奶喝多了，就彷彿在沙土上澆了大量的水，起水災了。

喝牛奶導致的嘔吐，解決的方法當然是：先停喝牛奶，恢復正常飲食。

其次，就需要專門的藥物了。牛奶屬坎水，所以，要培土以制水。培土的藥物有香砂六君子丸，讓他持續服用。另外，食物中的馬鈴薯、牛肉、豬肚、小米等，都有很好的培土的效果，經常食用也能收到類似藥物的「療效」。

找到病因、避免病因，使用適合的藥物，疾病自然就能根治。當然，對他來說，還要給一副「藥」治他的心病，我實在地告訴他，以他這樣的情況，根本不算肥胖。

・可能導致婦科病

慢性骨盆腔炎是一種常見的婦科疾病。

那是一種發生在女性內生殖器及其周圍結締組織、骨盆腔腹膜的慢性炎症，主要臨床表現為月經紊亂、白帶增多、腰腹

疼痛或不孕等。一般是因急性骨盆腔炎未澈底治癒，或因體質較差、抵抗力低下，反覆感染所致。

別的不說，就看這「反覆感染」幾個字，就知道它目前很難根治。

她就是慢性骨盆腔炎的患者。

而且，還不僅僅是慢性發炎這麼簡單，這兩三年，她每個月都要急性發作一次，發作時腹中劇痛，難以起身。初始靜脈注射抗生素，三天可緩解；但到後來，則需住院六、七天。

每個月住院六、七天，想想看那有多麼痛苦。

她看過中醫，專家級，還不只一個，但照樣每月發作。

身為典型的女性高階主管，她的飲食變得較偏西式，牛奶是每日必喝。

但是，她的病症恰恰是牛奶之過，我建議她停吃牛奶、魚、蝦等，並持續服用補中益氣丸。

接下來兩年，她一次也沒有住過院，情況相當平穩。

「現在能不能喝牛奶了？」她問。

「可以偶爾喝一點，不能多喝。」我答。

可是僅一週之後，她的慢性骨盆腔炎再度發作。這一週，她的食譜是早上牛奶雞蛋，中午魚蝦。她把我說的偶爾變成了每天，而且還大量。原因是，她認為兩年沒有「補」牛奶了，既然能喝了，就得趕緊「補」。

我們以為「補益」的食品，卻常常是導致疾病的禍根。

讓她趕緊停，再次嚴禁她食用牛奶。又得平安。

牛奶怎麼會導致慢性骨盆腔炎，甚至急性發作呢？

西醫大概是不願意承認這個理論，所以無理可說。

從中醫的醫理上說，牛奶屬坎水，自古「人往高處走，水往低處流」，水的特性是向下的。牛奶攝入過多，會導致人體的氣隨坎水下行的較多。正常情況下，人體氣機升降有度，現在下行較多，必然導致氣機升降失常，從而導致胞宮氣鬱，鬱

而化火，使骨盆腔出現慢性發炎或急性發作。

喝牛奶導致的慢性骨盆腔炎，解決的方法當然是：

首先，停用牛奶，恢復傳統正常飲食。

其次，服用補中益氣丸。與上例的香砂六君子丸相似，補中益氣丸也是補土的中成藥，可以培土制水。至於為何這裡用補中益氣丸培土，是因為上例損傷在胃，所以用藥要偏於胃；這例為胞宮鬱火，需要在培土的同時，加以補氣升提。

其實，她這樣的情形，就算不用中醫補土的藥物，在停了牛奶、魚、蝦後，也就不太容易發作了。

對女人來說，牛奶不僅會導致慢性骨盆腔炎，還會導致崩漏、子宮肌瘤等，我都曾遇到實例。

・可能導致其他疾病

除了上述的蕁麻疹、胃病、婦科病，牛奶還會導致哮喘、貧血、粉刺、大便乾燥，甚至增加罹患前列腺癌的風險。隨著個人體質不同，所產生的疾病也不同。

列出這麼多牛奶致病的例子，有人可能會感到害怕，不敢再喝牛奶。那是沒有必要的，對於大多數人的大多數時候來說，牛奶確實有很多益處，只是我這裡單單列出它會導致的一些疾病罷了。

也就是說：牛奶對一些人是有利的，但也會導致另一些人患病，只要記得這點即可。

◆藥博士分析

在講述上面三個例子時，我說明了牛奶如何致病的醫學知識。當我們對人體一無所知，對醫學也一無所知，人體或醫學對我們來說，就是一個黑盒子。

那麼，遵循之前提過的黑盒子醫學公式，就能得出牛奶是致病的原因。

病因＝生病前的日常生活（習慣）－健康時的日常生活（習慣）。

不帶任何偏見地列出所有生活習慣，例1的主人公會發現：最近在蕁麻疹發作前，都有喝一杯牛奶，但半年前還健康時卻沒有；例2的主人公更容易發現：嘔吐前他每天喝大量牛奶，以前健康時沒有；例3的主人公好好回憶一下，也會發現端倪：她的病，完全發生在改為西式飲食之後。

只要相信任何疾病的發生都有原因，不帶任何偏見地列出所有日常生活習慣，沒有任何專業的醫學知識，也都能找到各自疾病的原因。

由牛奶導致的疾病，只要停用牛奶，即使不治療，病況也會慢慢減輕；如果去醫院，進行常規的治療後好轉，只要持續不喝牛奶，以後應該也不會再發作。

◆藥博士開方

找到病因之後，只要避開原因，通常病就能不藥而癒。但有時候，避開原因只能預防病情加重或反覆發作，要消除已造成的影響，還需要找到針對性的食物、藥物或其他治療法。

以牛奶為例，如果完全不懂專業的醫學知識，要怎麼尋找相應的解決辦法？

這一點也不難！從來「一物降一物」，只要在自然界，找到降它的東西就可以了。比如說蜈蚣咬傷，我們不知道蜈蚣毒是什麼成分，但我們知道雞能吃蜈蚣，就取點雞涎，也就是雞的唾液吞下去，就會有效。蜈蚣毒的情況少見，我們來討論牛奶。

什麼東西能「降」牛奶？

我們來看牛奶本身的特性：

首先，牛奶是白色的，便要考慮到其他白色的東西，也可能對自己不利，先把飲食中別的白色食物也停掉，如豆漿、骨頭湯等等。米也是白色的，怎麼辦？換成黃色的玉米、小米。

其次，牛奶是母牛分泌的。事物相生相剋，所以，牛肉很可能就是解藥，能分泌它就應該能克制它，就像母親能管教自己的兒子一樣。

然後，牛奶是液體，是水。自古「兵來將擋，水來土淹」，水若泛溢成災，土就能制。自然界的土當然不能直接吃，但是，在土中長大的根莖類食物，如馬鈴薯、紅薯等，肯定有著土的成分；與別的動物相比，牛一天到晚忙著耕地，置身土中，得土氣也多些。

你看，就這樣用簡單的生活常識分析，消除牛奶後患的食物也出來了：牛肉、馬鈴薯、紅薯、玉米、小米。

如果稍微懂一些中藥材，知道黃耆、黨參、白朮等都是土裡的根莖，還有補氣的效果，那麼相應的藥物也隨之出來了。

當然，現代人往往不知道各種動植物的生長環境，這也不要緊，只要找到原因，再把與這原因相同顏色的東西，通通從生活中剔除，換成其他種類，試驗一週。如果病情加重，立即打住，把它們也從生活中剔除；如果不好不壞，便繼續試驗觀察；如果疾病往好的方面發展，那麼就是它了，它就是適宜的食物。

這個方法好學吧？日常生活中的食物，其實就那麼幾類而已，只要試驗個幾星期，就能找到合適的食物。

2. 優酪乳

・可能導致小兒盜汗

首先需要說明，書中採用了不少小兒疾患作為案例，這些孩子自然不會是本書的讀者，但是，我深知，許多讀者家中或親朋之中，都有小兒因飲食引發疾患，很多時候都讓家人為之抓狂。因此，我費了一些心思，只要在我的接觸範圍內，某種飲食曾有引發小兒疾患的例證，只要有一定的普遍性，我都會盡量收錄進來，若能讓為父母者從中得到一些益處，那就算有價值了。

這是一個兩週歲的小女孩，氣色俱佳，聰明伶俐，看上去頗為健康。然而，她卻是個哮喘兒，因為哮喘住院多次，出院後還得每天往鼻腔裡噴藥。除了哮喘，每夜睡著後，她還常常出汗，多到衣服都溼透，需要更換，中醫稱此為盜汗。

哪個病沒有原因？原因就出在她的日常生活中。詢問她每天吃的東西，得知其中有兩瓶優酪乳。

就是這個優酪乳導致了她的盜汗，而盜汗損傷了她的體質，導致哮喘頻繁發作。

我請她時尚的母親，先停掉女兒的優酪乳，並囑服六味地黃丸，8 粒 3 克的那種，每次兩粒，每日兩次，次日晚，她的盜汗便消失了。

當然，她的哮喘在注意飲食後，也一直平平靜靜。

優酪乳怎麼會導致小兒盜汗？

從中醫的醫理上看，優酪乳味酸，含有離火的特性；又由牛奶發酵而成，牛奶屬坎水，所以有坎水的成分。飲用優酪乳，會引離火入人坎水。用通俗的話說，就是把火氣引入人體的水液中了。

　　火氣大量進入水中，自然會蒸發水分外出，使人盜汗。白天之所以沒大量盜汗，是因為白天小孩活動多，內熱透過活動被及時疏散了。其實，肺屬金，優酪乳含大量離火，而火剋金，優酪乳直接就傷害到肺功能，導致哮喘。盜汗損傷體質，容易導致傷風感冒誘發哮喘；優酪乳又直接傷肺，兩相結合，孩子會不頻繁發作哮喘，那才奇怪。

　　優酪乳導致的盜汗，解決辦法當然是停喝優酪乳，之後再給小孩正常飲食，疾病會慢慢自然好轉，不處理也可以。

　　其次，用六味地黃丸。盜汗是優酪乳中的離火導致，水能滅火，要快些消除優酪乳的後患，便需要補水。六味地黃丸是中醫補腎的經典處方，其實就是補水的處方，所以肯定有用。

　　最後，調整飲食，多吃米粥、骨頭湯、豆類、山藥等，也很有好處。

‧ 可能導致小兒發育不良

　　嬰兒頭部有一處柔軟、有時能看到跳動的地方，醫學上稱為「囟門」。囟門在出生時主要有兩處：一處位在兩頂骨與後頭骨交接的地方，為後囟門；一處在頭頂前部，由兩頂骨前上角與額骨相接而成。

　　通常前囟門較大，而且個別差異很大，一般而言長約 3 到 4 公分，寬約 2 到 3 公分。而後囟門比較小，有時候幾乎要關閉或是不易摸的清楚。後囟門關閉時間較早，約在出生後 2 個月就關閉了，因此，醫學上說的囟門，通常指前囟門。

　　嬰兒的囟門大多在 1 歲左右閉合，最長不能超過 18 個月。我遇到的案例是，這個寶寶在兩週歲過後，他的囟門仍然沒有完全閉合，人也瘦小，皮膚乾燥，同時容易肚子痛。

　　照例，我詳細詢問他的餵養情況。得知出生時，他一切正常，母乳餵養期間，也一切正常。8 個月斷奶，斷奶後因為聽

說優酪乳好，母親便將優酪乳列為必備之物。

優酪乳怎麼會導致小兒發育不良？

前面說過，優酪乳味酸，含有離火的成分，而離火因優酪乳中坎水成分的導引，能入人坎水。人體之中，不僅體中的水液屬坎水，「腎主骨生髓」，骨骼也屬坎水。如果優酪乳中的離火只入人體水液，那也就是盜汗罷了；但優酪乳中的離火若入人骨骼，那就不是盜汗、哮喘這麼簡單了，而是直接導致小兒發育不良，如囟門閉合較晚，骨骼細弱等。皮膚乾燥也是離火損傷水分過多導致，肚子痛則是因為離火太多傷胃。

優酪乳導致的發育不良，解決方法便是停喝優酪乳。

其次，服用六味地黃丸，方法同上例。

最後，調整飲食，常食清淡的骨頭湯、山藥、新鮮馬鈴薯等等，補足坎水以滅火，兼顧脾胃。

與盜汗、哮喘不同，小兒發育不良一旦出現，要矯正絕非一日之功，需要曠日廢時的飲食調養才能改善。這個例子中的男孩，現在已經九歲了，經過六、七年的調理後，他才變得身體結實、骨骼強壯、身高也非常正常。

· 可能導致其他疾病

優酪乳還會導致其他疾病，如腹瀉、胃炎等等。原因都是優酪乳中大量的離火成分，會引離火入人坎水，從而影響腎、骨骼、小便、汗液、胃、肺等。

再強調一次，這裡之所以單獨列出優酪乳對某些人致病的原因，只是要教大家辨識日常生活中哪些食物會致病。由於優酪乳也是致病的原因之一，為了避免大家漏掉，才只寫它所導致的疾病，而忽略它的好處。

◆欒博士分析

在講述上面例子時，我照例做了簡單的醫學解釋。但即使不懂醫學，同樣也能利用黑盒子公式來找出病因。

只要不帶任何偏見，不是理所當然地認為優酪乳不是原因，任何人都能很快就發現問題。比如上面的兩例幼兒，在母親哺乳期間一切正常，問題都出在添加副食品之後，而優酪乳是他們每天必吃的東西，只要使用黑盒子公式，立即就會發現它是致病的原因。即使無法肯定它是主因，至少會懷疑它是原因之一。只要懷疑，自然會加以避免，也自然能避免孩子的疾病反覆發作或進一步加重。

◆欒博士開方

如果發現優酪乳是致病原因，又不懂醫學藥理，要怎麼尋找針對性的藥物呢？

如果不懂任何中醫常識，便不可能知道酸味屬離火，也就不知道用屬水的藥物來消除它的後患，當然更不會知道中醫的六味地黃丸。

然而，不知道醫學知識又有什麼關係呢？我們可以先不吃藥。再來，優酪乳是牛奶發酵的，這個大家應該就知道了。

發酵的東西，說得好聽，是容易消化吸收等等，說得不好聽，腐爛的東西都可當作是發酵的，可做為花草樹木的肥料。而肥料，對於正處於生長狀態中的草木，自然會有最強的效果。

正在生長的草木，在菜市場上，就是那些鮮嫩的小青菜、豌豆苗，剛剛發芽的綠豆芽、黃豆芽、黑豆芽等等。買回家食用，應該就能消除發酵的酸牛奶所導致的疾病。

　　前面我們提過，優酪乳屬離火，因此教大家用水滅火，用藥為六味地黃丸，用食物為屬水的骨頭湯、豆類、山藥等。事實上，不只有水能滅火，除掉優酪乳帶來的過多離火；屬震卦的東西也能除火，只不過不是滅，而是疏散罷了。處於生機蓬勃狀態下的植物，如豆芽、鮮嫩的小青菜等都屬於震卦，因此都具有除火的功效，能清除優酪乳的後患。

　　「條條大路通羅馬」，不知道專業的醫學知識有什麼關係呢？就利用優酪乳是發酵的製品，生長中的植物能吸收發酵後的養分這個自然現象，一樣可以找到消除優酪乳後患的好東西。

　　避開所有的專業醫學知識，從自然的常見現象中找對應的解法，是典型的黑盒子醫學分析。一開始，大家開始可能不太適應；但慢慢讀下去，多訓練自己，終有一日你會發現，這也與尋找病因的方法一樣簡單。

3. 糖

‧可能導致腳底溼疹

　　有個小女孩喜歡白糖餡的包子，外婆寵愛外孫女，便每日都做給她吃，不加任何限制。兩個月後，這個小女孩的腳底靠近大腳趾和第二個腳趾的位置，出現溼疹，很癢、有水泡。

　　糖怎麼會導致溼疹？

　　傳統的中醫認為，甜食會導致人體溼熱，溼熱外洩體表，導致溼疹。從《易經》的角度解釋，這個小女孩屬於坎水，糖屬於艮土，土剋水，過多吃糖，導致她出現溼疹。

　　糖導致的溼疹，處理的方法當然是：

　　首先，停止吃糖和任何甜食。

　　其次，用薏苡仁煮水泡腳，外用除溼。

　　最後，用新鮮山藥和大米一起煮粥當早餐。新鮮山藥能夠補益坎水，增強這個小女孩的體質，用西醫的話說就是增強她的免疫力，加強她自身治療疾病的能力。

　　上述方法使用一月餘，小女孩的溼疹痊癒。

‧可能導致腰痛復發

　　一位中年婦人持續腰痛三週，我選了幾個穴位針灸後，當時腰痛解除。關照她不要吃冷的、甜的、香的，她答應後愉快離去。

　　上午針灸，下午正常，傍晚她自己開車一小時回家。到家不久，腰痛再度發作。詢問她的飲食，竟然得知，回到家後，第一件事就是開冰箱，取出一個香草冰淇淋。唉，一天沒到，

　　她就把我的忠告忘到了腦後。

　　香草冰淇淋怎麼會導致腰痛復發？

　　答案是：它是香的、甜的、冷的，屬於艮土。

　　從傳統的中醫很難看出來冰淇淋與腰痛的聯繫，但如果從《易經》的角度，就非常容易看出來了。因為她也屬於坎水，冰淇淋卻屬於艮土。土剋水，所以，她的腰痛復發。

　　這樣的腰痛復發，怎麼處理？

　　首先，再不能吃香的、冷的、甜味的食品，這是必須做到的。

　　其次，按摩兩側太溪穴。太溪是足少陰腎經的原穴，可以有效增強坎水，以對抗過多艮土的影響。

　　最後，讓她服用腎氣丸。腎氣丸是中醫的成藥，可以有效補益坎水。

4. 綠茶

　　茶是中國最傳統、適用範圍最廣的飲品，在所有的飲料中，能夠冠以「文化」的，茶是其中之一。茶種類繁多，分類方法也很複雜。這裡，我們就來談最有「人緣」的綠茶吧！我們先不談大家熟知的綠茶的好處，而是看看綠茶對健康的副作用，或者說，看綠茶對一部分人的害處。

・可能導致失眠

　　有一中年的銀行職員失眠多年，用傳統中醫辨證，為他想了多種方法，每次都是第一天稍見效果，第二天便無效。最後，無奈之下，算計再三，採用易經的推理，讓他大量食用大熱的荔枝。這回效果不錯，不僅吃荔枝時睡眠很好，而且停荔枝後，效果能夠繼續保持。可惜只保持了兩個月，又回到了從前。

　　疾病怎麼可能沒有原因？他如此反覆失眠，一定是日常生活出了問題。仔細詢問他的日常生活事項，實在看不出問題來，於是一直追問不休，直到最後他夫人想起來，他喜歡喝綠茶，每日必喝。

　　綠茶，就是他失眠的原因了。

　　綠茶為什麼能夠導致人失眠？

　　從西醫的醫理上說，綠茶含茶鹼，這茶鹼能夠導致人興奮，所以，綠茶成為一些人天然的興奮劑。每天喝這種天然的興奮劑，睡眠能好嗎？

　　從中醫的醫理上說，綠茶是茶樹剛剛萌發的嫩芽製作，屬於震卦。震卦對應於心，綠茶具有強心的功效。能夠強心，睡

眠能好才怪了。

綠茶導致的失眠，怎麼處理？

首先，停止飲用綠茶。

其次，如果是離卦的人，用荔枝，新鮮的去殼直接吃果肉，沒有新鮮的買荔枝乾，去殼煮水當茶喝；如果是乾卦，用桂圓，也是新鮮的吃果肉，沒有新鮮的用桂圓乾去殼煮水喝。其他卦象的人，各隨自己的卦象調理體質。

・可能導致乾燥症候群

有一老人家，平生無別的嗜好，唯獨嗜飲綠茶，先是胃部不適詢問我，告訴她是長期飲茶導致，囑咐她不能再飲茶，然後才能調理。老人家的心思，病就是病，關茶什麼事，於是一切照舊。一年後身體不適，西醫診斷為乾燥症候群。再來諮詢，仍然告訴她是喝茶導致。不停止飲茶，無法醫治。

綠茶怎麼會導致乾燥症候群？

這是因為綠茶清熱、利尿，使人體水分過多從小便流失。

乾燥症候群是一種以侵及外分泌腺，尤其是淚腺和唾腺為特徵的自身免疫性疾病。其特點為淚腺和唾液腺分泌減少，以口、眼乾燥為常見表現。

乾燥症候群是一個全球性疾病。在美國較多，我國以往少見。注意這個「美國較多」，美國為什麼多？這是因為美國位於西方。在中醫裡，西方是屬於先天坎水的地方，水性向下，容易造成小便過多。小便過多，沒有足夠的津液滋養人體，當然會導致一系列乾燥症狀的。西醫向來是就人體看人體，難以解決這疾病，於是斷言是自身免疫性疾病。卻不知道，站在人體之外，就是小便多了這麼簡單，設法減少小便，就能治療這乾燥症候群。

美國那個地方，是因為地區的特徵導致這種疾病容易發

生，上述這個老人家，卻是因為飲茶太多，利尿太過。所以，要治療首要做的就是停止飲茶，否則，任何藥物都不可能有好的療效。

・可能導致其他疾病

除了失眠、乾燥症候群，綠茶還能導致胃病、心煩等。這是因為綠茶屬於震卦，胃卻屬於艮土，長期大量飲茶使得震卦的氣作用於胃這艮土，容易導致胃病。綠茶利尿太多，也容易導致心陰受損，出現心煩。

綠茶導致的胃病，人們習慣上食用麥芽糖有良好的效果。麥芽糖又叫做飴糖，是一傳統的食品，也是常見的一味中藥。綠茶導致心煩，可以用麥冬含在口裡，當然也可以用麥冬、西洋參一起煮水，用來當茶飲用。

◆藥博士分析

如果不主觀地認為「綠茶一定沒有壞處」，要判斷綠茶是疾病的原因，並不困難。這裡我們要討論的是：如果疾病反覆發作，那麼這兩次發作的中間日常生活，一定有導致疾病的原因。

在綠茶導致失眠的例子中，食用大量荔枝後，他的睡眠持續兩個月正常。兩個月後怎麼就復發了呢？不是別的，一定是這兩個月的日常生活中出現了致病的因素。雖然前面治癒了，但在這致病因素的持續作用下，終究再次生病。疾病的反覆發作，不是因為前面的治療不夠好，而是疾病的原因沒有去除，所以再度導致生病。

事實上，這個案例曾經讓我非常迷惑。他是我好友的先生，我也很熟悉他們家的日常飲食，無論怎麼想也想不出

有導致他失眠的地方。所以，一直以為，療效不好是我的學識不夠罷了。後來總算用荔枝將他治癒，可也只維持了兩個月，這使我再次覺得一定有什麼地方遺漏。於是，刨根問底，總算將他喝綠茶這事給問了出來。當然，從此以後，他停止了喝綠茶，失眠也再未復發過。

有句話這樣說，「細節決定健康」，單純地就這句話來看，是再正確不過的。多數時候，疾病的反覆發作，不是因為醫生能力不夠，而是自己沒有注意生活的細節，使得致疾的因素始終存在，也使得疾病反覆發作。如果醫生在你疾病發作時，曾經減輕或治癒過你的疾病，那麼，以後若還常常發作，就一定要反省自己的生活方法，而不能怪醫生。醫生的醫術再怎麼高明，也不能消除你生活中不當的飲食或習慣，因此，也永遠不能阻止疾病再度發生。不僅如此，如果在治療疾病的同時，致病的因素還存在，很顯然會影響藥物的療效。我用傳統的中醫辨證方法，給上述失眠案例中的友人先生下藥，總是第一天見點效果，以後就無效，原因就出在這裡。

所以，相對於專業的醫學知識，用我們的黑盒子醫學找到疾病原因並加以避免，不僅可以有效提高專業的醫學治療效果，更能夠真正地預防疾病，避免疾病復發。在人體的健康方面，我們黑盒子醫學所能起到的效果，要遠勝於專業醫學的，所以，千萬不可小覷它的功能，要努力學會並運用。

5. 冷開水（早起空腹飲用）

茶是飲料，但喝茶的習慣因人而異，不同的地域及生活方式的人，對茶的依賴和喜好程度差別很大，有的人嗜茶如命，有的人壓根就不喝茶甚至排斥，這都很正常。你可以不喝茶，但你不可能不喝水，水是人賴以維生最基本的東西。但喝水也是有學問的，這裡不說太多，只談早上起床後喝冷開水的問題。

早上起床後喝冷開水，最近幾年特別受到養生專家重視。據說，早晨起床喝冷開水可以清洗腸胃，稀釋血液，排毒養顏，防病治病。直覺想來，好像也是這麼回事，經過一夜的廢物累積，早晨喝些水來洗洗好像有道理。

然而，對於人體的工作機制，我們真的了解嗎？

早晨，人體的氣向上向外升發，肺的肅降功能減弱，同時宣發功能增強。肺主皮毛，這時，皮毛開放，皮毛的散熱功能增強，把一夜累積的內熱通過皮毛向外排放。

水性下行，涼水尤其如此。早晨喝冷開水，下行的水使得肺的肅降功能增強；相對地，宣發功能會減弱，剛好與人體正常的氣機循行相反，違背了人體正常的規律，也使得皮毛的散熱功能無法正常發揮。久而久之，導致大量內熱在肺部累積，使人體出現胸悶氣短、心慌等症狀。

說早晨喝冷開水致病並不太準確，應該說，早晨起床後喝冷開水，會成為某些疾病的催化劑。如果有胸悶氣短、心慌、乏力、臉色蒼白、記憶減退、精力不足、陽痿早洩等症狀，那麼，一定要想想自己有沒有在早晨喝冷開水這種習慣。

◆欒博士分析

只要把早晨空腹喝冷開水這件事，導入黑盒子醫學公式，就很容易發現它是疾病的原因。真正困難在於我們的觀念：第一，我們通常認為，媒體上宣傳的，經別人實踐了的「保健」方法不會有錯；第二，我們本能地認為，水不會導致人生病。這兩點合到一起，很多人在條列日常生活事項時，就會把早晨喝涼水的事情給忽略了。既然忽略，就肯定不會把它拿來當作原因。

早晨喝冷開水這種小小的問題，竟然造成那麼多疾病。找到它，也就意味著難纏的疾病從此解除。所以，千萬不要小看這些常見的觀念。

6. 豆漿

・導致腎結石、痛經、骨盆腔炎

豆漿可說是時下流行的保健食品，據說它有如下好處：強身健體、防止糖尿病、防治高血壓、防治冠心病、腦中風等等。這些所謂的好處，最初是從哪裡得出來的，是否有人驗證過，好像沒有人知道。細究下去，大家似乎也都是道聽途說來的。

道聽途說的東西是不可靠的，儘管轉述它的人以專家自居。與其研究這所謂專家不可靠的結論，還不如看看長期喝了豆漿的人的真實情況。

「我的家族有乳腺疾病史，先是我奶奶，然後是我姑姑，再來到我妹妹。唯獨我沒有，尤其自從喝豆漿後，經期乳房不再脹痛，皮膚也更白皙細膩，這就是豆漿的好處。」

「我兩年前曾檢查出卵巢囊腫，開始喝豆漿後，囊腫消除，乳腺增生也沒了，女性還是應該常喝豆漿。」

「我喝豆漿幾年後，得了腎結石。」

「我以前也喜歡喝豆漿，但得了痛風後，醫生就不准我喝了，說是有影響。」

「我一直有骨盆腔炎，我也一直喜歡喝豆漿。」

以上是我收集到一些對豆漿的評價，有人反應喝了豆漿後受益良多；有人反應喝了豆漿後疾病更多。豆漿，就像任何一樣東西，對部分人有利，對另一部分人有害。

從中醫的醫理上說，豆漿屬於坎水。屬坎水的食品，根據中醫「同氣相求」的原則，自然對屬於坎水的人有益，多多益善。對於屬於坤卦的人也有益，只是要少量飲用。但對於屬於

艮土的人，由於土能剋水，水多會反過來沖垮艮土，所以不能飲用，長期飲用必然導致疾病。

豆漿為什麼會導致腎結石？這應該是長期飲用甜豆漿的緣故。甜味屬於艮土，飲用豆漿加糖，就彷彿在河水中加砂土。屬於艮土的甜味成分，隨豆漿進入同樣屬於坎水的腎臟，在腎臟沉積，導致結石。

豆漿為什麼會導致痛風？痛風是一種關節腫痛的疾病，中醫理論裡，「肺主治節」，主持關節的功能；「肺通調水道」，與人體的尿液相關。痛風，是肺通調水道的功能失常。豆漿屬坎水，正入肺通調水道所走的這條道路，本來這裡正常的功能已經出問題了，還再來些豆漿，痛風自然會加重。當然，痛風也可能直接由豆漿導致。

豆漿為什麼會導致骨盆腔炎？這說來話長，五行理論裡，水剋火，豆漿屬於坎水會導致火氣鬱於盆腔，導致炎症。

豆漿導致的疾病，處理的方法自然是：

首先，停止食用豆漿。並停食一切屬於白色的食品。

其次，多吃小米、馬鈴薯、牛肉、豬肚等屬於艮土的食品。

像牛奶一樣，知道豆漿是疾病的原因後，哪怕我們什麼也不懂，至少也知道它是白色的。因此要避免所有白色的食品，而改吃其他顏色的食品。除蔬菜之外，食品中除了白色，就是黃色居多。所以，只要注意到豆漿的顏色，也就找到了正確的解法。

7. 碳酸飲料

關於碳酸飲料，我們先來看一個小案例：

有個男孩，家境優越，自從他有記憶起，就拿碳酸飲料當水喝。到了 14 歲，出現頭暈、健忘等症狀，於是去某醫院就診。經過 CT 檢查等，最後被確定為腦萎縮。

14 年的時間，他的生活中不知道有多少事情，我何以單獨只列出他喝碳酸飲料的事？那是因為，醫院每年都會遇到他這麼大的患者，出生家庭各不相同，平素生活也有明顯差異，但他們有一個共同的特徵：都拿碳酸飲料當水喝，從小喝到大，喝了十幾年。所以可以斷言，他的腦萎縮與他喝碳酸飲料的歷史有密切關係。

・可能導致腦萎縮

從西醫的醫理上說，由於碳酸飲料中含苯甲酸之類的防腐劑，長期飲用會導致苯中毒，因此導致腦萎縮。

從中醫的醫理上說，碳酸飲料含有各種顏色。這各種顏色本身就具有各種特性，如綠色屬於巽卦，黑色屬於坤卦，紅色屬於兌卦，黃色屬於艮卦。腎屬坎水，腎主骨生髓，所以，人體的腦髓也屬於坎水。「同氣相求」，白開水屬於坎水，與腦髓相應；各類碳酸飲料卻因參入了其他成分，而對腦髓產生了不良的影響。偶爾或少量飲用，人體能夠自動處理，不影響健康；但是，若長期大量連續飲用，就很可能出現腦萎縮。

以碳酸飲料當水，這樣的結局可怕吧。

因碳酸飲料導致腦萎縮，與因年老導致的腦萎縮類似，要恢復，不會那麼容易。停止喝碳酸飲料只是讓腦萎縮的情況不

再惡化，但對於已經造成的萎縮，想康復就很難了。所以，平時就要多約束孩子，以預防這種情況。當然，長期喝大量碳酸飲料會導致小孩腦萎縮，同樣也會導致老年腦萎縮，致使老年癡呆。所以，倘若不想到老年後癡癡呆呆的，碳酸飲料還是少喝為妙。

·可能導致其他疾病

碳酸飲料還能導致腎臟疾病、胎兒畸形、肝硬化、蛀牙、肥胖、胃痛、糖尿病、骨質疏鬆等。聽上去似乎有點驚悚，但我們平常對碳酸飲料太沒有警惕了，所以這裡再次忠告。無論從哪個角度說，都不能經常大量喝碳酸飲料。

◆欒博士分析

從因果分析的角度來說，有些疾病是在某些因素的作用下，經過日積月累，最後「量變」導致「質變」。比方說長期拿碳酸飲料當水喝，會導致腦萎縮、骨質疏鬆、肥胖等。而有些疾病，則不需要某個因素天長日久的累積，而是突然間就發生了，例如喝碳酸飲料後突然胃痛、受寒後突然感冒鼻塞等。

一般說來，因某種原因突然生病，人們會比較容易警覺。比如，明明喝碳酸飲料前好好的，但一瓶下肚立即肚子痛，因此本能地會懷疑是碳酸飲料導致；又比如，吃荔枝前還好好的，但幾顆荔枝下肚，不久就腹痛、腹瀉、渾身發癢，本能地便會懷疑是荔枝導致過敏。在這種情況下，疾病的原因都很容易找出來。這種稱為急性病因；而要透過長期累積才會導致疾病的，稱之為慢性病因。

急性病因找起來容易，慢性病因就比較困難。原因無

他，就是觀念的問題。多數時候，我們不認為自己長期飲用的飲料或東西會導致疾病，因此，在找病因時首先就把它排除了。比如說蝦吧，偶爾吃一兩次並不會造成嬰幼兒體質的傷害，但若是經常食用，就會造成嬰幼兒內熱太重，導致感冒就發高燒、肺炎等。也就是說，蝦是許多嬰幼兒容易高燒的病因。這時，如果沒有任何醫學知識，只應用黑盒子醫學分析，要怎麼得出蝦就是孩子容易發高燒的原因呢？

要判斷這種慢性病因，需要一步步地追溯回去。以一個容易發燒的嬰幼兒為例，就要好好地回想，他第一次發燒是在什麼時候，在那之前，他是否是個健康的孩子？如果哺乳期一切正常，是在添加副食品後不久，他才開始生病，那麼，生病前的日常生活習慣，就要從添加副食品算起；健康時的日常生活就是哺乳期了。如果孩子在哺乳期也出現問題，如果是奶粉餵養，就要考慮是奶粉選擇不當；如果是母乳餵養，便需要把母親的飲食習慣也算進去，肯定是母親的飲食不當導致孩子生病。無論什麼疾病，這樣一步步地追溯回去，必然能發現導致疾病的原因。

其實，如果是經常發燒或糖尿病等疾病，只要明白它們必然跟生活習慣有關，再看看自己生活中最常出現哪些事，不需要黑盒子醫學公式，也能立即猜出最可能的病因。

無論是急性病因或慢性病因，影響我們找出原因最大的因素，就是我們的認知。尤其是日常生活中與我們關係「親密」的食物，一般不會被視為致病因素，這實際也是一種盲點及偏見。

日常生活中的所有事項，都有可能是致病的原因，這是打開健康黑盒子的基石之一，千萬要記住這點。

8. 水果

某著名高等學府的食品系教授曾對學生說：人類的腸胃天生就是為消化水果設計的。水果對於人類的益處被這教授推崇到如此極致，大家對水果的肯定，就不需要我再囉嗦了。

現在，我們來看水果對某些人造成的問題。

・可能導致頑固性溼疹

如果說有人吃水果吃出了溼疹，你會不會覺得不可思議？是的，人很多的病都讓人莫名其妙，這就是疾病的不確定性。

某人學習養生，見水果備受推崇，於是那年春天開始，堅持每天搾果汁飲用，主要用蘋果和梨。

幾天之後，他右手臂後側出現 5 塊錢面積大小的潰瘍，出水結疤，周圍偶爾有些癢。

剛開始他很高興，覺得終於開始排毒啦！因為當時流行水果排毒法，他覺得有毒可排是好事情，繼續喝果汁。一個月後，症狀加重，還不定期出水和結成較厚實的疤，狀況很可怕，像燙傷。他覺得這種排毒實在太慢，於是決定停止所有食物，每天只喝果汁，加速「排毒」。這下「排毒」真的加快了，實行一週，兩個手臂慘不忍睹，只好去看醫生，被診斷為慢性溼疹。一年之後，他還在為它苦惱，又癢又抓又結痂，實在不知道怎麼辦，於是向我求助。

・水果怎麼會導致溼疹？

從中醫的醫理上看，在春天喝蘋果和梨做的果汁，出現溼

疹是非常可能的結果。在中醫理論中，「肺主皮毛」，「肺具有宣發和肅降的功能」。肺的宣發功能之中，正包含皮毛的散熱功能。別小看皮毛散熱的這種功能，就是在西醫裡，也認為皮膚是人體最大的散熱器官。

蘋果和梨都在秋天成熟。秋天，萬物成熟，天氣下降，大地轉為收藏；相對應於人體，肺的宣發功能減弱，而肅降功能增強；用西醫的話說，就是皮膚的散熱功能減弱，人體的皮膚變得更為緻密，為即將到來的寒冬做準備。蘋果和梨在秋季成熟，得秋天的燥金之氣，可以促進皮毛的收斂和肺氣的肅降。

與秋季的季節相反，春天，厥陰風木主氣，肝氣升發；相應地，肺的肅降功能減弱，而宣發功能增強。或者說，人體在春天更傾向於通過皮毛來散熱。

現在再來看，在春天食用秋天促進肺氣肅降功能的梨和蘋果會有什麼後果？一方面，肝氣在升發，肺的宣發功能增強，大量的人體細胞活動產生的內熱，隨肺增強的宣發功能而聚集於皮膚裡面，等待皮毛開放以疏散出去；一方面，梨和蘋果的藥效卻使得皮毛閉得更緊。兩相膠著，最後，免不了在局部地區潰堤，形成局部的溼疹。

所以，他的溼疹完全是在春天喝了太多的梨和蘋果汁導致的。可憐他不知道原理，竟天真地以為果汁促進了人體的排毒，甚至荒唐地為了促進排毒，竟完全停止食用其他東西，只單純地食用果汁，終致溼疹越來越嚴重，到最後幾乎無法收拾。

不是說春天吃秋天生長的水果，就一定會得溼疹或其他疾病，但如果兩者遭遇了，解決的辦法當然是：

首先，停止食用任何水果，至少要停用非當季水果。

其次，用大劑量杭白菊泡茶。為什麼選它，後面會講到。

最後，調整飲食，既然不拿水果當飯吃，就要多吃主食，多喝濃米湯更有好處。

· 可能導致小兒感冒頻發

　　一個三週歲的幼兒，三天兩頭感冒，我請他的母親注意他的飲食，結果持續半年，各方面情況良好。

　　然後，到了春天。他再度感冒，持續一週。

　　任何疾病都有必然的原因，而且大多在日常生活中。讓他母親細想病前生活有何改變，他母親說，幾天前在超市見到小香梨，他很喜歡，於是買 10 斤放家裡任他食用。

　　是梨，導致了他這次的感冒。

　　春天食梨為什麼會導致感冒？

　　原因與上述的故事相仿。

　　春天肝氣升發，肺氣的宣發功能應隨之增強；梨卻得秋之氣，促進皮毛的收斂閉藏。成人的肝氣升發能力較強，能把內熱宣洩到皮下，與收斂的皮毛抗衡，最後突破皮毛，導致溼疹。幼兒的肝氣升發能力較弱，內熱無法達到皮下，而是滯留在肺中，沿最近的渠道，如鼻腔外出，導致噴嚏、鼻涕等等，一如皮毛受涼鬱閉後的感冒症狀。

　　因為幼兒，食梨的時間也不長，所以解決的辦法是：

　　首先，停止食梨和其他任何水果。

　　其次，用生薑 5 片，小蔥 2 根，大米適量，一起煮粥，然後取粥上面的米湯食用以微微發汗。

　　最後，恢復傳統飲食習慣。

· 可能導致其他疾病

　　除了溼疹、頻繁感冒，隨水果的種類不同，還會導致其他疾病，比如柑橘讓人容易流鼻涕，蘋果使人胸悶抑鬱；荔枝、芒果導致過敏，渾身瘙癢，上吐下瀉；梨致人反覆咳嗽等等。

　　這裡要特別談到梨，很多人將梨給神話，認為它是治咳嗽的「良藥」，其實，梨只能治療秋天的燥咳，而且還是溫燥導致的咳嗽。但是，因為聽說梨能治咳嗽，又是水果，估計不治咳可能也有好處，於是很多人在咳嗽時燉梨吃，有時還加川貝母，結果弄得本來治療幾天就能痊癒的咳嗽，變成持久不癒，且反覆發作。這種情況並不罕見。

　　在中國古代的孝心故事裡，梨是一種代表。有故事說在春天，一個久病的母親對兒子說要吃梨，這個難煞了兒子，春天怎麼找到梨呢？但他太孝順了，絕不違抗母親的意願，於是收拾行李，出門找梨去，後來他的孝心感動了神仙，神仙給了他梨。母親吃下之後，病居然就好了。

　　在古代要吃到非當季的水果，可是非常的難。但在現代，我們隨時可以吃到四季的水果，完全不受時間限制，這恰恰也是問題所在。各種不分季節的水果，每日食用少許，多數人不會導致疾病（少數人因體質特殊例外），但要是不分青紅皂白，四季常吃，還吃得不少，就要當心了。假若生病，就更不能忽視，在列出生病前的日常生活習慣時，千萬不要忘了水果。

◆欒博士分析

　　以上兩個案例中的主角，都沒能解決自己的疾病。第一例，是誤把溼疹的症狀當作普通的「毒」，這是錯誤的經驗談。因為大多數人都認為水果是有益健康的東西，不會導致疾病。

　　第二例的那個母親，也是覺得水果有益無害，小孩喜歡吃就太好了，才一下子買了10斤香梨放在家裡任讓孩子吃。所以後來小孩感冒時，她根本沒想到可能原因是水果。

　　水果是好東西，我不想也不會否認這一點。只是，好與壞、是與非、疾病和健康，往往只隔一層紙，而就是這層

紙遮住了我們的眼睛。我經常強調，病因往往藏在生活中，「解剖」生活一般都能找到病因。這種情況下，醫學知識是次要的，甚至可以說醫學知識是害人的。以前面舉出的例子來說，哪個醫生會用醫學方法找出患者的病因竟然是牛奶、優酪乳或水果呢？

◆欒博士開方

找到蘋果、梨是疾病的原因，接下來要怎麼尋找解藥呢？這也很簡單！

蘋果和梨都是秋天成熟的水果。秋天花葉凋謝、萬物成熟，「成熟」是秋天的主要特徵。可是在秋天，也有一些東西屬於另類，如菊花，在秋天正繁花似錦。白居易有首詩《詠菊》：「一夜新霜著瓦輕，芭蕉新折敗荷傾。耐寒唯有東籬菊，金粟初開曉更清。」看這首詩，就可以知道菊花的生長特性。

菊花一反秋季的常規，在秋天開放，這決定了菊花會有一定的藥用。

在專業醫學裡，菊花，最常見的是杭白菊，能夠制約陽明燥金之氣；而蘋果、梨得陽明燥金之氣，所以可以用杭白菊來消除蘋果、梨的後患。類似的道理，在食物裡，秋天長勢旺盛的蘿蔔葉、青蒜、香菜等，也都有功用。記住了，要的是在秋天裡處於長勢的東西。

如果覺得自己對植物一無所知，那麼，先停掉水果，然後去向自己或鄰居的老祖母討教，問她們那時是怎樣飲食的。然後學著老祖母，在飲食習慣方面來一次返璞歸真，就會幫助你逐漸告別正在折磨你的疾病。

不知道現在媒體上瞎謅的所謂專家觀點，究竟是從哪裡來的，是與糧食有仇還是什麼，讓人吃這吃那就是不讓人

吃足糧食，吃足主食。其實大米、麵粉、玉米等中國人食用了幾千年的主食，是補益人體肺氣的最佳良藥。肺氣得補，人體肺的宣發功能會增強，肺主皮毛，皮膚的功能也會正常行使。所以，吃足主食，可以有效解除過量食用水果所造成的後患。

製作主食時，浮在鍋上面的米湯等，宣發肺氣的功能尤其好，藥效也更好。所以，在上述的案例中，我給出的方案之一就是食用米湯。也確實，第二例的幼兒迅速痊癒；第一例的患者雖然好得不夠快，但明顯持續地在好轉，假以時日，必會痊癒。

我們的老祖母，她們生活的年代因為貧窮，並沒有太多東西可以選擇，一日三餐都是以糧食為主。所以，即使沒有任何醫學知識，只要去向老祖母請教她們那時簡單卻健康的飲食習慣，照著去做，無形中也獲得療效，殊途同歸，便消除了水果的後患。

只要用心去想，即使沒有醫學常識，也能解決我們的問題，而且絕對簡單。這就是「易經識病」的真諦。

9. 西瓜

在中醫裡，有一個治療大汗、大渴、脈洪大、高熱不退的知名處方。這個處方由生石膏、知母、甘草、粳米組成，名為白虎湯。

西瓜，是消暑解熱的好東西，與白虎湯的功效類似，所以被古代的名醫稱為天然白虎湯。

看「天然白虎湯」這幾個字，認真琢磨一下，就可以發現西瓜清熱解暑的功效有多強。

因為西瓜解暑功效好，烈日當空的夏日，吃些西瓜對一般人來說有益無損；可是，也正因為它清熱的功效好，如果在其他季節食用，就很容易造成疾病。

· 冰西瓜可能導致痛經

一個少女在某次月經來時，食用冰西瓜，隨即發生痛經，痛勢強烈，需要止痛藥才能緩解。之後 12 年，她一直四處求診，療效卻總是不如人意。

· 可能導致腹瀉

一個 10 個月大的嬰兒，尚在夏日，家人見他喜歡西瓜，於是任由他食用，結果次日即發生腹瀉，治療 10 多日才痊癒。

· 可能導致發燒

一個兩歲小兒，早晨起床，見桌上放著西瓜，便吵著要

吃，家人便也由她。結果，第二日，她發燒了。

西瓜為什麼會導致痛經、腹瀉、發燒？

從中醫的醫理上說，西瓜屬於兌澤，且性寒，促進屬於兌澤的肺的肅降功能，而減弱它的宣發功能。肺的肅降功能加強，會使得心氣隨之更多地下降。月經期間，胞宮和心之間的絡脈通道敞開更多，這下降的心氣沿敞開的絡脈通道進入子宮，壅集於胞宮，導致小腹脹痛，也就是痛經。

肺與大腸相表裡，肺與大腸也有直接的絡脈相通，對於幼兒，這下降的肺氣本身就會更多地沿這些絡脈走向大腸，導致腹瀉；至於發燒，是因為肺肅降加強則宣發功能減弱，肺主皮毛，皮毛的散熱功能也隨著減弱，導致發燒。

西瓜導致的疾病，處理的方法當然是：

首先，停止食用西瓜。

其次，用西瓜青翠的外皮煮水喝。這道理和前面講到用牛肉「剋」牛奶是一樣的，皮和瓤常常是一對相互制約的東西。吃瓤多了出現不良反應，常可以用皮煮水喝。上述那個吃西瓜發燒的小兒，在喝了西瓜皮煮的水後順利退燒，以後也未反覆。另外，西瓜皮本身也是一味藥，這是另外的問題，這裡就不贅述了。

◆欒博士開方

西瓜造成的疾病，除了停止食用西瓜，還有什麼方法呢？

用西瓜的皮！道理前面說過了。

除了西瓜皮，糯米也應該有效。

你不妨試驗一下，把糯米和西瓜放在一起，西瓜會很快地腐爛。吃西瓜過多，用糯米煮粥，然後取上面的米湯來喝，也能消除西瓜的後患。事實上，西瓜清熱解暑，導

致肺氣肅降功能加強而宣發功能減弱；糯米性溫，性能剛好與西瓜相反，用來解除西瓜的後患確實適宜。

根據生活裡發現的一些常識來尋找相應的藥物，其實也是中醫長久沿用的方法。古書上記載，有人因為吃過多的豆腐生病，醫生百般尋找，沒能找到合適的解藥，結果一天得知賣豆腐人家誤把蘿蔔水滴入製作豆腐的豆漿裡，導致最終豆腐製作失敗，頓感「踏破鐵鞋無覓處，得來全不費工夫」，讓吃豆腐過多生病的患者用蘿蔔煮水去煎一些相應的藥物，成功將那人治癒。

說到豆腐，再多聊幾句。豆腐這東西經濟實惠，營養也豐富，因此大家都很喜愛，但請記住，豆腐裡面含石膏或鹽鹵等，長期或大量食用，很可能會出現胃痛，如果有這種情況發生，還是少吃為佳。

10. 雞蛋

　　與牛奶、優酪乳、水果一邊倒的正面印象相比，雞蛋在人們心目中的地位就有點微妙。對成人來說，它似乎會導致血脂升高、血液膽固醇含量提高，進而導致動脈硬化、中風等，於是常被建議別太常食用；但對嬰幼兒來說，它含鐵含鈣含高蛋白，被所謂的嬰幼兒營養專家大力推崇。

　　當然，這是閒話，本書的目標是尋找日常生活中常見的致病原因，所以，雞蛋是否有益不屬於本書的主題；但雞蛋對一些人健康的損害，卻是我們需要關注的。照例，我們看兩個實例。

· 可能導致嬰兒腹瀉

　　雞蛋為什麼會導致嬰兒腹瀉？

　　一是雞蛋黃有很高的脂肪含量，嬰兒吃脂肪不容易消化，所以腹瀉。

　　另一是蛋白含有豐富的蛋白質，嬰兒胃腸嬌嫩，難以吸收，所以腹瀉。

　　中醫傳統的說法可以解釋成：蛋白清熱解毒，性寒，寒涼傷脾，導致腹瀉。

　　姑且不論它理論為何，嬰兒食用蒸蛋後腹瀉卻是事實。這個母親處事很有經驗，發現嬰兒食雞蛋後出現腹瀉，立即懷疑是雞蛋的問題，不僅立即停用雞蛋，在往後的一個月裡，也沒有再給她食用；以後試驗兩次，在嬰兒期未再給她吃過雞蛋。

· 可能導致小兒感冒後鼻塞不除

一個小女孩感冒鼻塞，母親先給她處理兩側太陽穴，無效；又給她處理兩側太溪穴，有效，但也只維持了半天，再度鼻塞。

這種情況完全超出了她以往的經驗，於是問我。

未再受寒，鼻塞怎會反覆，我讓她檢查了小女孩近幾日的飲食。

在她的飲食中，每天早晨都有雞蛋。

人各有先天體質，這先天體質決定了食物對哪些人有益，對哪些人有害；這小女孩屬於坎水，她不適合吃屬於艮土的雞蛋。

停雞蛋，再次處理兩側太溪穴，她的鼻塞順利解除，未再反覆。

雞蛋怎會導致感冒後鼻塞不除？

從中醫的角度說，鼻塞屬於鼻竅的毛病；人體所有的「竅」，如鼻子、耳朵等均與人體胃土有關。胃為艮土，所以，在鼻塞時吃補艮土的蛋黃，會導致鼻塞始終不癒。

上述的醫學道理如果不懂，就想像一下沙土地上有個洞，現在洞被堵塞了。這時最重要的，是要把堵塞的洞疏通，但卻一邊疏通一邊在地上堆沙土，這個洞最終能疏通才奇怪。

雞蛋導致的疾病，解決的方法當然是：

首先，停止食用雞蛋。

其次，繼續原來起效的治療方案。

最後，給予感冒時的簡單飲食方案：只用大米熬粥或麵條清煮食用，配少許青菜之類。禁止食用一切葷菜和難消化的乾飯等。

‧可能導致其他疾病

　　雞蛋除了會導致嬰兒腹瀉、幼兒鼻塞不除，還會導致嬰幼兒過敏、哮喘、溼疹、加重生瘡化膿等等。所以，千萬不能因為它是某些育嬰專家推薦的嬰幼兒必備食品，就對它掉以輕心，在列出生病前的日常生活習慣時，千萬不能忘了它。

◆欒博士開方

　　發現雞蛋是致病原因後，首先當然是停止食用。一般說來，如果食用時間短，沒有造成疾病累積，及時停止就可以，不需要其他特殊的處理，人體也會在不久後自動恢復健康。

　　但如果長期食用，就要設法消除它的後患了。那麼，用什麼東西消除雞蛋的後患呢？

　　大家先想想，雞蛋是誰生的？

　　是母雞生的。好，前面說到用牛肉「降」牛奶，照例，我們可以用母雞來「降」雞蛋。

　　從中醫的理論上說，雞蛋，屬於艮土；雞則屬於巽木。木能剋土，所以煲些雞湯來喝，可以有效消除雞蛋吃太多的後患。

　　這又是殊途同歸。在沒有專業醫學知識的情況下，應用黑盒子醫學方法，同樣能有效地解決問題。

11. 豬肉

豬肉這些年，在很多人心目中地位下滑得很厲害。豬肉會受詬病，主要是聳人聽聞的脂肪肝、肥胖症、高脂血症、動脈硬化等，這些我們在這裡不討論，依例來討論幾個豬肉所導致、我們誤以為與豬肉無關的疾病。

· 可能導致痰多

一中年商人體表皮下出現大大小小的結塊，大的有拇指大，小的有黃豆大。我問他是否痰多，他說痰很多，每天早上起來要咳吐好一陣子。我問他是否喜歡吃豬肉，他說最喜歡紅燒肉。

一猜就準，並不是瞎貓碰到死耗子。

為什麼從他皮下的結塊問他是否痰多？這是因為在傳統中醫裡，這樣症狀的疾病便認為是痰核。中醫認為，痰可以在經絡裡流動到皮下，在皮下結塊成核。都結成痰核了，可見那痰有多少，咳吐痰涎是很正常的事。

為什麼問他是否喜歡吃豬肉？這是因為自古有「魚生火，肉生痰」的說法。痰多，自然要先問問他是不是常吃豬肉。

因為痰多造成痰核可能不是很常見，但是，因為痰多導致咳嗽、哮喘等反覆不癒的可就多得很了。所以，假如平時容易生痰，千萬不要吃豬肉；假如感冒，已經生痰，那麼，豬肉更要小戒一段時間了。

·可能導致婦科病難痊癒

有年輕女子患崩漏兩個月，吃當地老中醫中藥，有點效果，但不能痊癒，轉而問我。看過她的情況，再看那老中醫藥方，沒錯，應該能夠止住她的出血。之所以沒有止住，一定是她飲食的緣故。讓她列出吃的東西，果然日日有豬肉。

日日有豬肉，是很多人、甚至是大部分人的飲食習慣，不是說一吃豬肉就會致病，但有的病是因豬肉引起，就得改掉老習慣或者忍痛割愛。這位崩漏的女子，讓她停豬肉兩日後，出血便成功地完全止住。

但大家要注意，這裡是說豬肉導致婦科病難痊癒，具體地說，就是導致崩漏難以痊癒。不是豬肉導致崩漏，而是豬肉影響了藥效。

那麼，豬肉為什麼會影響藥效，導致崩漏難癒呢？

從中醫的醫理上說，豬肉屬坎水。崩漏雖然是火導致的疾病，但這火屬於鬱火，火需要疏散。直接用坎水來滅火，不僅滅不了，更容易導致子宮氣鬱，使鬱火更加嚴重。這個老中醫的處方雖然正確，但畢竟藥剛疏散了一點鬱火，豬肉又造成了新的鬱火，所以病情有少許好轉，卻始終不能根除。其實，她當初的崩漏之所以發生，估計也有豬肉這因素在內。

子宮有鬱火不僅會造成崩漏，更會造成慢性骨盆腔炎等婦科疾病，所以，如果有這方面的問題，一定要查查自己的食譜，是否常有豬肉。

與豬肉有關的疾病，處理的方法當然是停止食用豬肉。

其次，食用山楂、醋等消食化痰的東西，會很有幫助。

·可能導致其他疾病

除了脂肪肝、高血脂症、肥胖症、痰多、婦科病等，豬肉

還與一些患者頑固不癒的面癱有關係。更具體地說，根據出生日期計算為離卦的患者，不論得什麼疾病，都要首先檢查是不是豬肉吃多了。

◆欒博士開方

什麼東西可以消除豬肉的後患？

豬肉很油膩，醋能夠消除油膩促進消化。這麼一想，自然就知道醋應該有解除豬肉後患的作用。醋是酸的，山楂也是酸的，所以，市場上的乾山楂、新鮮的山楂果都可以買回來食用。山楂有效，其他所有酸味的東西都應該有效。

豬肉油膩，荷葉也解膩。所以，夏天用荷葉煮水喝，又解豬肉後患又消暑。

進一步聯想，豬肉油膩吃出了問題，以後油膩的肉類都應謹慎食用。又或者，肉吃多出了問題，不妨試試吃素。當然，人的生活習慣不容易改，但太固守某種習慣，本來就是不太好的方式。就像開車一樣，開車是很多都市人的移動方式，有的開車族一離開車就不行，連幾百公尺的天橋都懶得走，不惜開車繞上幾公里。因此，如果經常開車，偶爾要換成走路或騎自行車，變換出門的方式，這樣才能更健康。吃肉也是如此，肉食主義者變成素食主義者很不容易，也未必有必要，但有時候素一素，會有很大的益處。那些益處說不定立竿見影，只是你看不見。

根據健康的需要，調整飲食的習慣和結構，在將來某一天，你一定會發現自己的疾病已經完全消失，也會明白「治療疾病原來如此容易」。

12. 鴿子

　　鴿子應該算野味，但現在有飼養的食用鴿。除了飯店菜單上有「烤乳鴿」之類的菜色，許多人也把鴿子買回家嚐鮮。鴿肉是高蛋白、低脂肪食品，蛋白含量為 24.4％，有許多人體的必需氨基酸，且消化吸收率在 5％，鴿子肉的脂肪含量僅為 0.3％，低於其他肉類。因此，許多人喜歡鴿肉是有道理的。

　　另外還有種說法，鴿肉壯體補腎、提高活力，是男性的理想滋補食品；而對女性來說，可以養顏美容，使皮膚潔白細嫩。但是，鴿子也會「傷人」，尤其是對女性。

．可能導致急性骨盆腔炎

　　有年輕女子產後坐月子每天食用鴿子一隻，第 20 天出現小腹脹痛難忍，被診斷為急性骨盆腔炎，沒能及時治癒，然後轉為慢性骨盆腔炎，多方求醫，兩年後仍未痊癒。

．可能導致嚴重經前腹痛

　　有年輕女孩每月月經前十多天就小腹脹痛，程度嚴重，她臉色蠟黃，身體消瘦。詢問後知道她家養鴿出售，所以父母常常燉鴿給她「補養」。

　　她的父母哪裡知道，正是這鴿子導致了她的疾病。

　　鴿子為什麼會導致上述的急性骨盆腔炎和嚴重經前腹痛？

　　從中醫的醫理上說，這是因為「胞宮絡於心」，男子的精室也絡於心。鴿子的氣正走心與胞宮或精室相連的這一條渠道，能夠引人體的心氣下行於男子的精室和女子的子宮。所

以，男子食用後能夠壯陽。女子食用後，會導致心氣下行子宮過多，壅集於子宮中，導致小腹脹痛；如果氣鬱化火，則不僅導致脹痛，還會導致急性盆腔發炎，治不得法，就變成慢性骨盆腔炎，遷延不癒。

現在有些地方把鴿子當作小女孩成長和產婦坐月子的補品，真是錯得離譜。小女孩正處於生長發育期，食用鴿子會導致孩子性早熟，也會給她埋下痛經的隱患。產婦因為生孩子的緣故，本來心氣就已大量下行，生了孩子後，正是要引這過多下行的氣慢慢上行，讓人體得到調整。給產婦食鴿剛好與人體的正常規律相反，除了導致生病，沒有其他好處。也許大家認為，鴿子是有靈性的動物，會對不同的人產生不同的效果；實際上，所有食物都是靈性的化身，用這樣的方式去挑選食物，也許是一種養生之道。

從鴿子的效用看來，一般女人都不能食用鴿子，只有那些閉經的人例外。鴿子，對因為心氣下行不夠而造成的閉經有好處。

鴿子造成疾病，解決的方法當然是：

首先，停止食用鴿子，然後恢復傳統的飲食習慣，多吃主食。

其次，吃紅棗、豬心、葉類蔬菜等提氣的食品。

同時，可以按摩兩側神門穴。

13. 魚類

「吃魚使人聰明。」

證據：魚類含有 DHA（Decosahexanoid Acid，二十二碳六烯酸），DHA 對人腦發育及智能發展有極大的助益。

「吃魚能防治心血管疾病。」

證據：愛斯基摩人少有患心血管疾病，他們以食魚為主。

誰不希望自己的孩子更聰明？誰不希望自己的晚年更健康？有上述兩項證據，無論是誰，恐怕都不免對魚心動，把魚當作增進健康的食品。

然而，請繼續往下看。

· 可能導致皮下出血、腦出血。

證據：

1. 魚含有 EPA（二十碳五烯酸），會破壞血小板的凝血作用，導致各種自發性出血，如皮下出血、腦出血等。
2. 愛斯基摩人大量食魚，雖然幾乎沒有人患冠心病、腦血栓，但卻很容易因腦出血死亡。

看到了吧，魚像別的食物一樣，並不只有好處。在利用黑盒子醫學公式尋找病因時，千萬記得要把魚也給列上。

需要說明的是，皮下出血、腦出血等，是在大量長期食用魚類後才會出現。偶爾食用一次，雖然不會出現這些疾病，卻很可能導致上火，出現咽喉痛、口腔潰瘍、唇乾口渴等症狀。要知道，民間自古就流傳「魚生火，肉生痰」的說法。它是中國歷代許多人的實踐經驗總結而來。所以，倘若上火，要先檢查之前有沒有吃魚。

從中醫的醫理上說，魚為水中動物，對應於坎卦中間的那一陽，所以，魚為補益腎水中的陽氣。可是，水從整體上說，終究是屬陰的。在屬陰的腎水中補少點陽，促進水的流動算是好事，但若補太多，讓腎水洶湧澎湃，絕不是什麼好事。

因此，從中醫的醫理上說，魚也絕對不能吃得太多。通常的看法是一週吃一次就可以了，而且不能是那種大熱的鱔魚、被當作發物的鯉魚等，這一週一次的魚，是指平和的鯽魚、草魚、帶魚等魚類。

· 黃鱔可能導致高燒

我小侄子兩週歲那年的立秋後，每週必發高燒，每次高燒都去醫院吊鹽水，每次都吊兩三天。這樣持續了三週後，我問了他夏天裡的飲食，竟然得知：有一段時間，他的母親三天兩頭給他吃黃鱔。當然，這中醫認為大熱的黃鱔必然是他高燒的原因。

吃黃鱔導致反覆高燒，怎麼處理？

用六味地黃丸！

黃鱔是水中的魚類，所以用屬坎水的六味地黃丸來制約它。每次兩顆，每日三次，連續服用兩日。果然，下一週他未再發燒，以後也沒有復發。

如果不懂任何醫學知識，在懷疑黃鱔是發燒的原因後，要怎麼找到解決辦法呢？

首先，停止食用黃鱔。

其次，黃鱔是水中游動的魚類，那麼，找在水中不游動的植物，如海帶、紫菜、蓮藕、荸薺、茭白等，吃上幾天，同樣會有效。

· 鯉魚「減肥」

再給大家講一個故事，一個聽起來近乎離奇的故事。

一個熱衷養生的年輕人買了一本很暢銷的健康書，因書裡對鯉魚讚不絕口，他便也萌生用鯉魚養生的信心。於是，天天吃鯉魚，持續半年。

半年後……

原本 82 公斤，體重不多不少正剛好的他只剩 50 公斤，極度乏力，工作幾乎都成了問題，只能勉強支撐。

這樣的後果很可怕吧？更可怕的是：在我提醒之前，他始終沒有意識到鯉魚正是罪魁禍首。

鯉魚，在中醫裡是利尿劑，常被醫生推薦給浮腫的患者食用。也有古代的名醫，曾在有人全身水腫，命若游絲的情況下，用新鮮活鯉魚整條和生薑、蔥一起煮水，救回這條性命。

這樣有著良好利尿效果的藥物，當作「養生」食品吃了半年，不消瘦才怪。

鯉魚造成的疾患，當然是：

首先，停止食用鯉魚。最好停其他一切魚類。

其次，大量補水。人體那麼多正常的水分都被利尿利去了，不大量補水成嗎？這種補水，喝白開水是沒有用的，因為喝了就排出去，所以要用中醫補腎水的處方，而且上游下游一起補的那種處方：

沙參 30 克，麥冬 10 克，生地 30 克，山藥 30 克，山茱萸 10 克。

純補無瀉，讓他堅持服用，每天一帖。

最後，不能單純依靠藥物，食物以新鮮山藥、花生、大米為主，繼續補水。

在大量補益腎水後，他的身體開始穩定地好轉。

　　生活中，長期堅持吃鯉魚的人恐怕不多，但類似這樣的事卻不知發生過多少。

　　現今健康養生書籍盛行，黃鱔、海蝦、生薑紅糖水、阿膠、當歸、核桃、紅棗、茯苓等以往不常食用的東西，現在卻成了很多家庭每日必備的「養生」食品。原本滿懷得到健康的希望，卻不知道自己正在把自己推入火坑，因為任何東西都只對一部分人有益而已。

　　那些所謂親身嘗試過的作者，即使沒有撒謊，也不過碰巧僥倖，屬於那些東西的適合體質；別的人未必就有這麼幸運。許多時候，一般人輕易嘗試的結果，會像上述吃鯉魚的那位年輕人一樣，除了受害，就是悔恨，還伴隨更為孱弱的身體。

　　無論是尋找疾病的原因，還是選擇日常養生的食品，一定要記得：任何事情，都可能是造成疾病的原因，哪怕它被眾人交相稱讚，被媒體大大吹捧，被所謂的專家或民間奇士言之鑿鑿。任何事情，都只對一些人有益，對另一些人必然有害！

14. 高蛋白食物

如果把一碗飯和一條魚放在一起，比較哪個有營養，毫無疑問，所有人的答案都會是：魚。

為什麼選魚，認真想想，原因可能有三個：

1. 魚比米飯貴。貴的就是好的，這是人本能的消費心理。

2. 魚比米飯少見。因為稀少，所以應該更好。

3. 魚蛋白質含量高。

大部份的人，會因為前兩個原因選魚；如果對食物養分有些了解，就會因為第 3 個原因選魚。綜合來看，所有人都會選魚。

但如果一個人要去某個地方待半年，可供他選擇的只有米和魚，而且只能選一種，大家會怎麼選？

除了愛斯基摩人之外，大家應該都會選米吧！

一方面認為魚比米有營養，一方面卻選擇米，這不是很奇怪嗎？在潛意識裡，我們真的認為米比魚更有營養嗎？

恐怕不是的。

雖然魚是高蛋白食物，而蛋白質在所有生命過程中都有關鍵的作用，但一般建議成人每天的蛋白質需要量也不過 70 ～ 80 克，與澱粉類相比，它的重要性還是低了一些。所以，關鍵時刻我們還是會優先選擇米。

成人每天補充 70 克的蛋白質就夠了，吃多了沒有好處。

現在來看一下，蛋白質進入人體後的消化吸收過程。

吃下去的食物，首先到達胃，然後到小腸。在胃和小腸裡，95% 會被消化，變成氨基酸由血液運往全身。剩餘的 5% 繼續往下到大腸，在那裡被大腸裡的細菌分解，變成氨、硫化氫等。

氨基酸被吸收後，主要進行一種名叫脫氨基的過程，最終生成兩樣東西：α-酮酸和氨。這裡，我們再次見到了氨。

如果以好和壞這樣的字眼來區分，α-酮酸是好東西，它能合成非必需氨基酸、醣類或脂類。

雖然α-酮酸是好東西，但和它一起生成的氨卻是壞東西。氨具有毒性，尤其腦組織對氨極為敏感，血氨增高易進入腦組織，使腦血管收縮，影響腦的供血量及能量代謝，嚴重時甚至會昏迷或死亡。所以，血氨不能積聚過多。

上述的結論很可怕吧！由此來看，關於吃魚使人聰明的說法，是值得懷疑的。

氨有毒性，人體當然要設置自動處理機制，不讓它毒害人體。那麼，人體是怎麼處理氨的呢？

說到這種，大家應該常聽到一句話：肝臟是人體最大的解毒器官。氨有毒，當然肝臟就得開始工作。

正常情況下，體內的氨約有 80％～90％是在肝臟合成中性、無毒、水溶性強的尿素，經血液循環運送至腎臟，隨尿排出體外。

大部分由肝臟處理，另一部分直接運輸到腎，水解產生 NH_3, NH_4^+ 的形式排出體外。

現在明白了嗎？食物中的蛋白質會產生氨基酸，氨基酸分解後產生α-酮酸和氨，氨有毒性，分解氨毒性的工作由肝臟和腎臟負責。

就像我們的精力有限，肝臟和腎臟每天能完成的解毒工作也是有限的。攝入適量的蛋白質，肝、腎可以正常工作；如果攝入多量的蛋白質，便直接加重了腎臟的負擔，長期工作超過負荷，必對肝臟、腎臟產生損害；如果攝入過多，肝腎超量工作也完成不了任務，氨便會在血液中滯留，導致血氨加重，損害大腦。

所以，高蛋白食物千萬不能多吃。吃多必然損害健康！

15. 維生素、微量元素

・維生素A

維生素 A 又名抗乾眼病維生素，顧名思義，就是缺乏它容易覺得眼睛乾，影響視覺。

缺乏維生素 A 會讓人生病，過多又會讓人中毒，一般症狀為：頭痛、脫髮、唇裂、皮膚乾燥瘙癢、肝腎及關節疼痛。孕婦如攝入過量維生素 A，可能產生先天畸形的嬰兒。多數病人在停用維生素 A 制劑後可康復，只有少數發生肝、運動器官及視覺的永久性損傷。

缺乏只是眼睛乾，吃多了卻產生這麼多症狀，甚至造成肝、運動器官及視覺的永久性損傷。所以，是不是該小心些呢？如果懷疑不足，還是先從食物補起吧。

維生素 A 主要來自動物性食品，以肝臟、乳製品及蛋黃中含量最多。

如果覺得眼睛乾，懷疑維生素 A 不足，每天吃些豬肝、羊肝、雞肝、牛奶、蛋黃等，吃上幾天，看眼睛是否會改善；如果改善，繼續食用，無需用藥；如果沒有改善，可以用些魚肝油、維生素 A、D 錠等，但也是「中病即止」，症狀改善立即停用，不要多服。如果沒有維生素 A 缺乏的症狀，不要服用比較好。

・維生素C

維生素 C 具有防治壞血病的功能，被稱為抗壞血病。典型的壞血病症狀是：牙齦易出血、牙齒易鬆動，骨骼脆弱易折

斷,創傷時傷口不易癒合。

如果確實出現上述維生素 C 的缺乏症狀,那麼補充無可非議;然而,像別的藥物一樣,它並不是可以沒病也服用的藥物,長期大量服用維生素 C 會導致:

1. 每日口服 4 克,一週後,可能發生尿路草酸鈣結石和腎結石。
2. 對抗肝素和雙香豆素的抗凝血作用,導致血栓形成。
3. 產生尿糖的假陽性反應,有礙於糖尿病患者的診治與確切掌握降糖藥物的劑量。
4. 降低婦女的生育力,且影響胚胎的發育。
5. 每日超過 3 克,會導致腸蠕動增加,引起腹部絞痛與腹瀉。
6. 與含有維生素 B12 的食物同時攝入,會破壞相當量的維生素 B12,使人易患貧血。

看看這些後果,不比缺乏的症狀更讓人輕鬆吧。所以,如果懷疑缺乏,還是先用食物來補。

維生素 C 廣泛存在於新鮮水果及綠葉蔬菜中,各種豆芽菜類更是維生素 C 的極好來源。多吃點豆芽菜和綠葉蔬菜就能補充,比起人工合成的維他命 C 是不是要更好呢?

‧維生素D

維生素 D,又名抗佝僂病維生素。缺乏時會引起兒童佝僂病和成人骨軟化症,攝入過量會導致中毒。

中毒症狀:食慾減退、煩躁、哭鬧、口渴、尿頻、腹瀉或便秘,還有低熱。

這樣的中毒症狀,也夠讓人煩心的。因此,仍然建議大家用飲食來補。它主要存在於肝、魚、肉、奶、蛋黃中。

‧關於魚肝油

　　魚肝油是嬰幼兒最常見的保健品，主要成分是維生素 A 和維生素 D。先對照上述的缺乏症狀，看自己的孩子是否缺乏；再研究它們的中毒症狀，看看是否正是孩子容易哭鬧等的原因。

‧微量元素

　　微量元素之所以叫微量元素，是因為在正常的人體中，它雖然也是重要的一部分，但量卻很少。有事沒事，每天都補充一些，強行地讓它們在體內的量多起來，會引起什麼樣的後果呢？

　　微量元素過量會引起兒童性早熟！

　　這性早熟不需要我詳細解釋吧，看看那些青春期少女少男的情況，在尚處於幼兒期的孩子身上早早出現就是了。

　　鋅也是微量元素的一種。長期鋅過多，容易引起或加重缺鐵性貧血，成年後還易發展成冠心病、動脈硬化症等，還會在體內蓄積引起中毒，出現噁心、吐瀉、發熱等症狀，嚴重的甚至突然死亡。

　　因此，透過食物補充微量元素才是最安全的，含微量元素較多的常見食物是海帶。

第三章

習慣決定一生的健康

近年流行一個說法，叫「習慣決定健康」。這句話很有道理，甚至可以極端地說，大部分疾病都與習慣有關。在第二章〈常見食物「致病因果」分析〉中舉的例子可以看出，飲食致病很少有偶然的，只吃了一次就得某種病。當然那種情況也有，比如食物中毒，但那不是本書的討論範圍。大部份都是持續一定時間、頻率、數量，才讓飲食成為某種疾病的根源或誘因，這就是習慣。

　　在這一篇，要討論生活習慣對健康造成的影響。有一點需要指出，這些習慣很多仍與飲食有關。

1. 不吃早餐等於慢性自殺

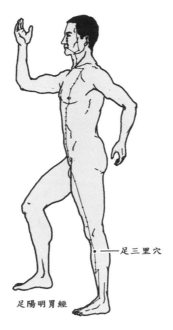

足三里穴

足陽明胃經

足三里是足陽明胃經的合穴，能夠增強胃氣，以迫使來犯的肝氣回頭。

　　說到早餐，我想提一提韓劇和外國電影中常見的一家人享受豐盛早餐的場景。再來看看我們的早餐，那是多麼的寒酸啊！我們的都市，有多少家庭是全家圍在一起享受早餐的？別說享受了，就連應付都談不上，問問你周圍的人吧，有多少人全家在一起吃過正經的早餐？有的根本乾脆不吃。

　　這就是我們要討論的：不吃早餐，尤其是經常性地不吃早餐，是我們健康的重大隱患。

‧不吃早餐導致膽結石

膽結石發病率正逐年上升，且朝著低齡化趨勢蔓延。據研究，不吃早餐的人，膽結石發病率大大高於飲食有規律者。

不吃早餐怎麼會導致膽結石？

大家知道，膽囊的功能是貯存膽汁。肝分泌的膽汁慢慢流到膽囊裡，經過貯存濃縮，在飯後通過膽總管，釋放到十二指腸裡，用來消化食物。早晨經過長長的一夜，膽囊裡已經貯滿膽汁，但是因為沒吃早餐，導致膽汁不能及時排出，在膽囊裡長時間貯留，其中某些成分沉積日久，便形成膽結石。

膽結石是比較痛苦的，它的成因很多，但如果是因為不吃早餐導致膽結石，那多冤枉啊！

‧不吃早餐導致反胃、噁心

胃的疾病，都不是那麼好受。就拿反胃、噁心來說，吃也吐，不吃也吐，雖然不是痛，卻也很難受。去醫院不是吞鋇劑，就是照胃鏡；本來就難受的胃，還要再吞進屬於金屬的鋇，或從口腔裡伸一根長長的管子進去照胃鏡，折騰得死去活來。

事不關己的時候，大家都知道不吃早餐容易得胃病；但很多人——包括深知這個道理的人，在得了胃病後，卻很少想到是不吃早餐惹的禍。

早晨，人體的肝氣升發，肺氣宣發，向上向外。

肝氣升發的渠道是沿足厥陰肝經上行。在關於酒的一節裡，我們曾經提過，足厥陰肝經是「挾胃」的。如果正常吃早餐，人體的胃氣充足，這從肝臟中出來的肝氣會沿足厥陰肝經的正常渠道上行；可是如果沒吃早餐，胃氣不足呢，這從肝臟中出來的肝氣未等上行，先就在「挾胃」的部位拐了個彎，變

成了「肝氣犯胃」，出現反胃、噁心，甚至嘔吐等。

·不吃早餐導致其他疾病

不吃早餐還會導致其他種種疾病。如：

1. 讓人反應遲鈍

反應遲鈍不是病，但至少不是我們理想的健康狀態。

從西醫的醫理上說，人的大腦想正常工作，需要足夠的葡萄糖。葡萄糖的來源比較廣泛，含有澱粉類的食物都是來源，早餐尤為重要。經過前天晚上一夜的消耗，如果不吃早餐，人體就不可能有足夠的葡萄糖供應大腦，反應遲鈍在所難免。

從這點上來說，腦力工作者倘若不吃早餐或吃不夠，其危害特別大。

2. 讓人便秘

從西醫的角度說，是因為沒吃早餐，沒有食物刺激胃腸，導致腸蠕動不夠，所以便秘。從中醫的角度說，是因為沒有食物進胃裡，胃氣虧虛，使得肝氣乘機犯胃，犯胃的情況嚴重時，就是反胃、噁心、嘔吐；犯胃的情況較輕，則影響胃的通降功能，胃氣不降，當然導致便秘。

3. 讓人發胖

這點可能讓人驚奇，不是說食物攝入得少能夠減肥嗎，怎麼會讓人發胖？

不吃早餐會讓人發胖，理由如下：

人體是一個動態的系統，一方面，食物可以給人提供熱量；另一方面，人的皮膚、大小便又在排泄人體的熱量。減肥時，真正計算人體減去的熱量公式應該是：人體排泄的熱量 -

食物帶入的熱量。

在人體排泄的熱量一定的情況下，食物帶入的熱量越少，上面的差值會越大，也就是人體減去的熱量會越多，有利於減肥。可是，大家想一想，如果減少食物的熱量影響了人體的熱量排泄功能，導致人體排泄的熱量隨之減少呢？上面的差值是不是反而會變小？

另外別忘了，皮膚是人體最大的散熱器官。皮膚的散熱功能，是由肺的宣發功能決定，而肺的宣發功能又與肝的升發功能有關。不吃早餐使得胃氣虧虛，肝氣犯胃，進而影響了肺的宣發功能和皮膚的散熱能力。

這時，雖然不吃早餐使食物帶入的熱量為 0，但同時也使人體排泄的熱量趨近於 0。大量沒能及時通過皮膚散去的熱量在體內聚集，轉化為脂肪，反而導致人體發胖。相反地，假如正常吃早餐，人體通過皮膚排泄的熱量也正常，上面減去的差值反而變大；人體減去的熱量多，就不容易發胖。

所以，妄想靠不吃早餐減肥的人，先好好研究一下上面的公式，再看看那些不吃早餐卻更胖的實際情況吧！

4. 讓人得低血糖

早餐不吃，午晚餐主食又吃得少，人體根本沒有儲備能量，如何不得低血糖？

5. 容易傷風感冒，抵抗力下降

皮毛不僅僅負責散熱，也負責抵禦外邪的入侵。不吃早餐，會使得肺宣發功能不夠，皮毛的氣供應不足，自然抵禦外邪入侵的功能就會減弱，使人經常生病。

有人說，不吃早飯等於慢性自殺，這絕非危言聳聽。先別說一日三餐，就先丟了一餐，就說不吃早飯很容易導致便秘

和胃病這件事。便秘時人體大便排泄不暢，毒素在腸道長時間停留，會被重新吸收入血液。因此不吃早飯會導致人體毒素增多。患胃病後，由於肝氣犯胃，午餐、晚餐就是想吃也吃不下，消化也必然不會太好。這就相當於一日三餐，每餐都沒有足夠的營養供應人體，不是慢性自殺又是什麼呢？

所以，如果你現在還算健康，千萬不要養成這相當於慢性自殺的壞習慣；如果現在已經出現問題，那麼，把你的問題與上面列出的諸多疾病對照一下，看是不是與不吃早餐有關，然後，做下面的處理。

首先，開始吃早餐。牛奶、雞蛋、麥片似乎是理想的早餐食譜，而我特別忠告，不要丟掉中國人的「傳統」──米和麵。無論是麵條或米粥、饅頭等，都是早餐的首選。這種富含足量澱粉的早餐，才具有補益人體肺氣、促進肺氣宣發的功能。

其次，按摩右側足三里穴，增強人體的胃氣，以對抗來犯的肝氣。按摩兩側太淵穴，加強人體肺氣，促進肺氣的宣發功能。這樣的處理，可在一定程度調整不吃早餐造成的人體氣機的失調。不過，無論如何，養成吃早餐的習慣才是關鍵。

◆欒博士分析

如果患膽結石、胃病、低血糖、便秘、肥胖、記憶力差、容易傷風感冒，請注意：是否有不吃早餐的習慣。

2. 主食吃得太少是百病根源

我們先來看一個例子。

「我非常認同您所提出的『多吃飯少吃菜』、『早睡早起』的觀點。看了您的書後，我增加了主食的量，並經常熬粥食用，還盡量早睡。這樣持續一個多月，困擾我五年的月經不調（每次經期持續 10 天）改善了，縮為 7 天。好開心。」

這是一位讀者在網路寫給我的留言。

關於早睡、充足的主食等對健康的重要性，我已經說了不知幾遍，幾乎在我的每本書裡，都會從不同角度重複提到早睡、主食對人們的重要性。上面的留言，便是一個讀者接受了我在書中的建議，實踐後反饋回來的結果。

增加主食、早睡，竟然治好了困擾她五年的月經不調。在驚訝的同時，大家可以回過頭想想，她的月經不調其實就是熬夜和主食太少導致的，尤其是主食。

主食太少為什麼會導致月經不調，尤其是這樣經期過長的狀況？

從中醫的理論看，主食具有補益人體脾氣肺氣的功效。脾氣肺氣是人體的升提之氣，脾肺氣虛會使人體升提之氣不夠，出現氣虛下陷。氣陷於子宮中，鬱而化火，導致月經經期延長。主食補益脾氣肺氣，剛好去了病根，所以具有絕不亞於專業藥物的良好療效。

基於相同的原因，主食吃得太少，不僅會導致月經週期延長，還會導致種種慢性的婦科炎症等。

主食吃得太少，還容易導致上火和反覆傷風感冒。

在這本書裡，我不只一次提到，肺主皮毛，而皮毛具有防禦外邪入侵和散發人體內熱的功能。肺氣充足，皮毛的功能才

能正常開展。而肺氣，主要由充足的主食補充；沒有充足的主食，自然就不可能有充足的肺氣，而會：內熱聚集，出現咽喉疼痛、扁桃體發炎、鼻炎、咽炎等症狀；外邪入侵，非常容易傷風感冒，出現免疫力低下的症狀。

主食吃得太少，還容易造成反應遲鈍，記憶力差，學習工作效率低下。

原因是：大腦需要的主能量是葡萄糖；主食不足，導致大腦的燃料不足，效率怎麼會高？

有人可能會說，沒吃澱粉類的主食，改吃蛋白質多的牛奶雞蛋，不是一樣嗎？

蛋白質有蛋白質的功效，澱粉有澱粉的作用，兩者是不同的。

先來看看澱粉的功效。

澱粉經消化吸收後，最終在體內變成醣原和葡萄糖。醣原和葡萄糖是人體主要的供能物質，人體所需能量的70%以上由醣氧化分解供應。

醣也是組成人體的重要成分之一，約占體重的2%。

醣與脂類組成的醣脂，是組成神經組織和細胞膜的成分。

醣與蛋白質合成的醣蛋白，被稱為幹細胞之母，是具有重要生理功能的物質，像抗體、某些酶和激素、參與細胞識別的膜受體等都是醣蛋白。

醣胺聚醣與蛋白質結合成的蛋白多醣，是構成結締組織的基質。

核醣和脫氧核醣是細胞中核酸的成分。

醣的磷酸衍生物可以形成許多重要的生物活性物質。

醣類具有如此多的重要生理功能，而它又主要來自於食物中的澱粉，大家想想，如果我們平時澱粉類主食吃得少了，會有怎樣的後果？

有人可能會說，蛋白質、脂肪類食物也有一部分會轉化為

醣，我多吃些牛奶、雞蛋等高蛋白食品，讓它在體內轉化，不是一樣嗎？

答案是：不一樣。

大家可以重新去看一下前面的〈高蛋白食物〉，就會知道，蛋白質確實有部分最終會轉化為醣類，但是，在蛋白質分解轉化的過程中，會同時產生對人體有毒的氨。要解除這些氨的毒性又需要肝臟、腎臟超量工作，所以，想用蛋白質轉化為醣，便同時要付出肝、腎超量工作的代價，最後還可能讓人體浸泡在大量有毒的氨中，由於氨最容易傷害大腦，從而讓大腦也受到損傷。

醣類對人體如此重要，可以說，它對於人，就好比汽油對汽車那樣重要。而醣類在食品裡，主要來自富含澱粉的主食，所以，如果主食吃得過少，必然會導致百病叢生。

有人可能要問：究竟多少算多，多少算少？

很簡單。如果你現在很健康，每天精力充沛，那麼，你的主食量是正常的；如果你總是感覺莫名其妙的不舒服，容易上火，容易傷風感冒、疲勞等等，那麼，你的主食量很有可能不夠。

女性每餐的主食不得少於 65 公克，男性應該更多。

如果主食原本就吃得過少，已經造成了疾病，該怎麼辦呢？

沒別的辦法，只有從現在開始增加主食的量。採用開頭那位讀者的方法，首先為了讓人體適應，初始多熬些粥，既容易吃下去，也容易消化。

關於主食，有一點可能還需要提一下：有人可能要說，我吃一點飯就很飽了，怎麼加量？

為什麼吃那麼少主食就飽了？這是因為一直吃得很少，胃慢慢地萎縮了。所以，這裡的飽，不能當作主食吃夠的判斷標準。

　　因為飯量一直很少，導致胃隨之萎縮。現在開始有意識地增加主食的量，每餐比前一餐多吃兩口，一點一點地加量，人的胃也會隨著飯量逐漸增加而撐大。別小看這多吃的一口，日積月累之下，要不了多久，就可以達到正常該吃的主食量了。

◆欒博士分析
　　如果總是身體欠佳，那麼請注意：是否含澱粉類的主食吃得太少。

3. 暴飲暴食與節食造成無窮後患

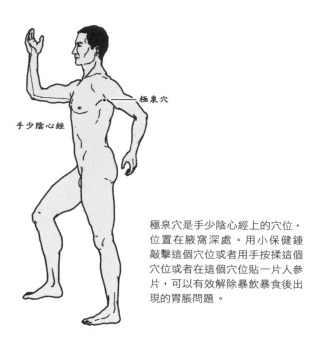

極泉穴

手少陰心經

極泉穴是手少陰心經上的穴位，
位置在腋窩深處。用小保健錘
敲擊這個穴位或者用手按揉這個
穴位或者在這個穴位貼一片人參
片，可以有效解除暴飲暴食後出
現的胃脹問題。

　　暴飲暴食和節食也是常見的不良生活習慣。

　　關於暴飲暴食，先看一則我從網路上摘錄來的例子：

　　「一年多前，我有段時間壓力特別大，便以吃東西來抗
壓，每天把自己的胃撐到了極限。在那以前，我吃東西還算規
律，胃也一直很健康，可自從那幾天暴飲暴食之後，似乎破壞
了胃的規律，它始終像個吹滿氣的氣球，一點食慾都沒有，沒
吃東西也漲得不得了，中西藥都吃過了，一點改善都沒有。想
做運動卻沒有力氣，真是痛苦，請大家幫我想想辦法。」

用暴飲暴食來緩解壓力，結果，因暴飲暴食造成的胃脹卻消除不了了。真是不划算！

暴飲暴食導致的胃脹該怎麼處理？

很簡單，敲左側極泉穴。

極泉穴是手少陰心經上的穴位，位置在腋窩深處。用小保健錘敲擊這個穴位，或用手按揉這個穴位，或在這個穴位貼一片人參片，都可有效解除暴飲暴食後出現的胃脹問題。

・暴飲暴食導致肥胖

暴飲暴食不僅會導致胃脹，還會導致肥胖。靠大吃大喝來緩解壓力的例子，在現代並不少見。即使沒有到胃脹的程度，但長期持續地吃下去，便容易導致肥胖。

暴飲暴食所導致的肥胖，是因為不知不覺中攝入了過多熱量導致，可用適當的運動把多餘熱量消耗掉。靠暴飲暴食緩解壓力，事實上是等於給身體施壓；如果利用運動方式減壓，既能達到減壓目的，也有益於身心健康。

當然，大部分的暴飲暴食並非因為壓力，主要有兩種情形：

一、飲食無規律。經常兩餐併做一餐吃，就會比平常飯量多出許多。

二、缺乏節制。尤其是經不起美食的誘惑，碰到好吃的，就一定吃到撐。

無論是哪一種，對健康都沒有好處。

・暴飲暴食導致其他疾病

除了胃脹、肥胖，還會出現頭暈腦漲、精神恍惚、胸悶氣急、腹瀉或便秘。

在中醫理論裡，脾胃居人體中焦，是氣機升降的樞紐，脾氣主升，胃氣主降。暴飲暴食後胃中有大量的食物堵著，影響了胃的通降，也影響了脾氣的上升。脾所主的清氣不升，於是頭暈腦漲、精神恍惚；胃氣不降，則便秘。手太陰肺經起源於胃，胃中有大量食物，也會影響肺的經絡，導致胸悶氣急。至於腹瀉，那是因為胃受一些食物的影響，導致胃氣下降太多的緣故。

暴飲暴食的習慣，嚴重時會引起急性胃腸炎，甚至胃出血、膽囊炎、胰腺炎。一時的口腹之欲，卻讓自己冒著如此大的風險，實在不值得。

※暴飲暴食導致的疾病該怎麼處理？

答案是：情況嚴重時，立即上醫院掛急診，不可耽誤。如果只是頭暈腦漲、便秘之類，可以先敲左側極泉穴，再服用些中醫消食的藥物，如中成藥保和丸。情況緩解後，要注意不要急著吃太多東西，每天只用大米熬粥喝，連喝一週，以養脾胃，促進脾胃真正康復。

與暴飲暴食相對的，是節食。暴飲暴食傷胃，對健康有嚴重影響；節食則使胃氣和人體營養供應不足，對胃和健康的影響也不能小覷。

· 節食導致閉經

從中醫的醫理上說，人體氣血充足，月經才會正常。長期節食會使人體嚴重營養不良，氣血匱乏，於是導致月經減少，甚至閉經。

有位年近三十的女子月經常常出問題，每個月都需要藥物催經。先是用西藥黃體酮，用了大約半年後，用它也失效；於

是求助中醫。只是，服用中藥後，也只是服用的當月來，下月不服時又不來了。連續吃了幾年藥物，她有點心灰意冷，乾脆停了。停用所有藥物後的幾個月，她遇到了我。

她既高又瘦，又是白領階級，於是我給她一個藥方和一個忠告。藥方是中醫補血名方四物湯，組成是：生地 15 克，熟地 15 克，當歸 10 克，白芍 10 克，川芎 3 克。 30 帖。忠告是：吃夠主食和其他營養，採用中國傳統飲食習慣，不准節食。

在開始服藥的過程中，她把我的忠告遠遠拋在腦後，繼續過她的節食生活，經常一顆水果就算一頓飯。我得知後，給了她兩個選擇，一是不停地服藥，直到胃報銷（無論中西藥都對胃有害）；二是解決節食的問題，盡早把藥罐子甩了。她是個聰明人，這次真的聽懂了我的話。一個月後她的月經如期來臨，後來即使不再服藥，也沒出現問題了。

她的閉經本來就是因為節食導致，所以我的忠告才具有真正斷根的效果，這一點希望大家多加注意，好好想想，千萬不要盲目節食。

· 節食導致乏力

食物，尤其是富含澱粉類的主食負責人體 70% 的能量，所以，節食導致乏力一點也不稀奇。俗話說：「人是鐵，飯是鋼」，這種乏力不是病，只要好好吃飯，自會消除；但也可說是病，因為長期節食絕不僅是乏力那麼簡單，會引起一些許多疾病。

· 節食導致其他疾病

人一天不吃飯，只覺得餓；兩天不吃飯，便有氣無力；十天八天不吃飯，就有生命危險。完全不吃東西，是絕食，對身

體的傷害無需多言。那麼，長期節食，儘管人體處於勉強能夠活命的狀態，但對人體健康的損害會小嗎？

節食會造成營養不良，而營養不良會導致各種疾病。所以，千萬不要為了減肥等原因去節食，對人來說，健康是最基礎的條件。沒有健康，就算再苗條，也只是給別人欣賞，對自己只有無窮的害處。

而減肥的人，則常是先努力節食幾天，然後暴飲暴食一頓；不用說，這種情況對人體的傷害就更大了。為了健康，希望大家最好不要這樣做。

節食導致的疾病，要怎麼處理？

首先，好好吃飯是一定要做到的。

其次，可以服用中醫的一些補藥，如十全大補丸或十全大補膏等，在好好吃飯的同時，用這些補藥快速補充氣血。

◆欒博士分析

年紀輕輕，卻總是感覺這不舒服、那很難受，或有氣無力等，那麼請注意：是否有暴飲暴食和節食的歷史。

4.了解飲食習慣，不盲從養生之道

「物體若不受外力或合力為零，則物體必保持原來的運動狀態，則靜者恆靜，動者恆作等速直線運動。」這是牛頓第一運動定律，又稱為慣性定律。

仔細地思考，你會發現，這個定律不僅適用於物理學，在健康領域同樣適用。當然，也適用於我們的日常飲食習慣。

我們的日常飲食，都是有慣性的。不信你可以列出平日的詳細飲食，看是不是總是那麼幾樣。儘管菜市場裡各類食品琳琅滿目，可是，你挑來挑去，卻總不外乎那麼幾樣。這種便是慣性。

這種依慣性挑選的食物，如果剛好適合你的體質，很好，你的身體會很健康；但如果剛好不適合，那麼，麻煩事會接踵而來，長期吃不適合自己的食物，不生病是不可能的。

一個人飲食習慣的源頭在哪裡？

在年幼時生活的家庭飲食習慣。

經常有人告訴我，我姐姐也是這種病，哥哥也是這種病等，或是我表哥表姐也這樣；同一個家庭或同一個家族許多人都出現同一種疾病，他們首先會懷疑是遺傳，是共同的基因所導致。

我的回答卻是：與其說是基因，不如說是共同的飲食習慣造成的。很簡單，同一個祖父母的子女，必有著相同的飲食習慣；這種飲食習慣又傳給了下一代。

所以，同一家族中的人不管離得有多遠，常有著共同的飲食習慣，從而也容易出現相同的疾病。這種疾病不像基因變化不可治療，而是飲食習慣的問題，只要有意識地改變飲食，是有可能痊癒的。

　　單純的道理總是過於抽象，我們來看個例子。

　　有人向我諮詢口腔潰瘍的問題，她的先生、女兒，以及她先生的兩個兄弟都有頑固的口腔潰瘍，總是反反覆覆、久治不癒。是遺傳嗎？她有點擔憂。

　　我告訴她更有可能是相同的飲食習慣導致，讓她看看他們有哪些共同的飲食習慣。後來她說，他們都喜歡吃辣椒，不僅喜歡吃辣椒，還經常吃火鍋，不論春夏秋冬。

　　辣椒吃了上火，會導致口腔潰瘍，這就是原因，跟遺傳一點關係也沒有。

　　幼時的家庭生活形成了人的部分飲食習慣。在成人後，受媒體宣傳的影響，人的飲食習慣會有所改變，繼而形成新的習慣。比如說，因為相信牛奶、雞蛋的營養價值，而將原有的早餐換成它們並持續下去。

　　自然，新的飲食習慣，可能會帶來健康，但也可能帶來新的疾病。

　　日常飲食的習慣是人的本能，要改變它非常不容易。然而，它在多數時候卻決定了我們的健康。如果一直都很健康，便不需要改變，繼續維持；但如果已經出現問題，就無論如何都要好好了解自己的飲食習慣，並努力加以改變。

　　改變的方法，可以歸納為破舊立新。

　　破舊，就是找出最可能成為疾病原因的飲食習慣，把它從日常的食物中去掉。這是必須的。

　　立新，就是根據你身體的實際需要，選取一樣或兩樣，加入你的飲食中，並持續一段時間，直到你習慣了它，讓它成了習慣的一部分。

　　要注意，飲食習慣和飲食結構的改變，一定要循序漸進，原有的飲食一下子改變太多，不僅會破壞平衡，也往往難以堅持。所以，每次只選取一樣或兩樣，直到讓它成為習慣的一部分後，再去選取一樣。

　　慢慢地調整，最後得到一個適合自己體質的飲食類型，並形成習慣，這是受益終生的事。

　　這麼說並非誇張，實際上，人的健康很多都維繫在最日常的生活習慣之中，而生活習慣對人的健康影響，莫過於飲食習慣，只是我們大部分都不會從中去尋找疾病的原因。不先了解自己的飲食習慣，只盲從地去尋求養生之道，不僅僅是捨近求遠，也是緣木求魚。

5. 熬夜對肝膽必然有害

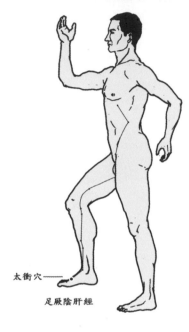

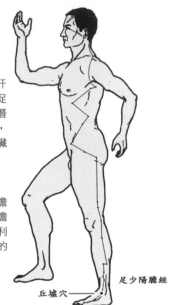

太衝穴是足厥陰肝經的厚穴，可以促進肝臟氣血的潛藏，以滋養肝臟，糾正熬夜對於肝臟的傷害。

丘墟穴是足少陽膽經的原穴，主管膽的氣血供應，有利於糾正熬夜對膽的損害。

太衝穴——

足厥陰肝經

丘墟穴——

足少陽膽經

與不吃早餐相比，熬夜是現代人另一大最常見的不良生活習慣。

人體正常的規律是：白天，氣血主要在肌肉、在皮毛、在大腦的淺層等，用來滿足人的工作、運動、活動、思考等；到了夜晚，休息了，氣血回歸內臟深處，用來滋養並修復人體自身的臟腑。

所以，夜晚的睡眠對人的健康具有舉足輕重的作用。

有人可能會說，什麼時候睡不是睡呢？我不喜歡晚上睡覺，我早晨睡、上午睡，還不是一樣？

答案是：不一樣。

在中醫的理論裡，晚上 11 點到凌晨 1 點，是足少陽膽經經氣旺盛的時候；1 點到 3 點，是足厥陰肝經經氣旺盛的時候。半夜，正常的規律，這幾條經絡依次經氣旺盛，用來滋養、修復人體肝膽。在這個時間睡眠，人體有足夠的氣血供應肝膽；但如果這個時間還不睡覺，而在工作或做事，那麼，人體必然要分出一部分氣血來供應大腦、肌肉、皮毛等，這就不能有足夠的氣血使得足少陽膽經、足厥陰肝經經氣充足，也不能讓肝膽得到足夠的滋養和修復。

肝臟是人體最大的解毒器官，每日擔負著繁重的工作。倘若每日不能得到及時的滋養修復，長此以往，必然會導致疾病。錯過了半夜，在別的時間睡眠，是別的經絡氣盛的時間，滋養修復的是其他臟腑，而不是肝膽。所以，只要不在 23 點前睡覺，對肝膽必然有損害。

曾有一個年輕的妻子在網上發帖，說她的先生很優秀，一直努力工作，事業也小有成就。然而，不知道為什麼，發現 B 肝半年之後，就發展成肝硬化。比起別人，從 B 肝到肝硬化的時間明顯快了很多。

她的帖子裡還清楚地寫到她先生是白領階級，過著典型的都市人生活，每天很晚才睡覺。她說不知道為什麼肝硬化的速度那麼快，答案就在這裡：睡得太晚。她先生沒有給肝膽休養生息的時間，再加上病毒侵犯，他的肝臟能不迅速地受到損害嗎？

僅僅因為睡得太晚就導致病情迅速發展，實在令人惋惜。

即使沒有 B 肝帶原，熬夜也會使人體患其他的肝膽疾病，如脂肪肝、肝內血管瘤等等。

熬夜還會降低人體的免疫力，免疫力低，自然會罹患種種其他的疾病。所以，如果想要健康，還是不要熬夜比較好。

經常勸人不要熬夜，也經常聽人說：我知道熬夜不好，但

我有太多事要做，不熬夜怎麼辦呢？其實，大家說這句話，也是因為生活上的一種慣性。

想要不熬夜，當然有辦法，那就是「早起」。

以晚上 10 點為睡覺的基準點，如果你本來熬夜到 12 點才睡，早晨 7 點起床，熬了兩個小時完成工作。那麼，為什麼不能改成 10 點睡覺，早晨 5 點鐘起床，把那兩個小時的工作放到 5 點到 7 點之間去做呢？

熬夜傷害肝膽，早起卻符合人體自然的規律，對人體只有益處沒有害處。僅僅調整一下作息時間，人就得到了健康，為什麼不那麼做？

熬夜對人體的傷害不是一般地大，請大家最好在每晚 10 點前就上床睡覺，最晚不要超過晚上的 11 點。

如果以前經常熬夜，提供大家一個矯正的小方法：

經常按摩兩側的太衝穴和丘墟穴。太衝穴是足厥陰肝經的原穴，可以促進肝臟氣血的潛藏，以滋養肝臟，糾正熬夜對肝臟的傷害；丘墟穴是足少陽膽經的原穴，主管膽的氣血供應，有利於糾正熬夜對膽的損害。不過，這屬於「亡羊補牢」的方法，最好不要形成熬夜的習慣。

特別需要強調的是，上述的醫理、忠告和方法只適合良性熬夜者。所謂「良性熬夜」是我創的名詞，是指因為工作性質等客觀因素不得不熬夜的，這一類的人在不需要熬夜加班的時候，可以和正常人一樣休息。

與良性熬夜相對的是「惡性熬夜」，是指並非為了完成迫不得已的任務，而是養成了熬夜的惡習，這在年輕人中非常普遍，在後面會特別討論。

6. 吸煙造成肺部損傷

吸煙有害健康，這不需要我再強調了。微觀地看，吸煙傷肺，傷在兩個方面：一是香煙燥熱，肺屬兌澤，抽煙會傷害肺的津液；二是香煙發散，會強化肺的宣發功能，卻減弱肺的肅降功能，導致咳嗽、痰多等疾病。

香煙導致疾病，處理的方法當然是戒煙，如果戒煙很難，倒是有辦法適當減輕「煙害」：

1. 服用冬蟲夏草。冬蟲夏草是中醫的名貴補益藥材，可以補益肺腎，減輕香煙對肺的傷害。如果嫌冬蟲夏草價格昂貴，也可用蟲草菌絲製劑，如金水寶膠囊、百苓膠囊、寧心寶等。
2. 食用絲瓜、新鮮花生、蕃茄、鴨等，也能輔助清除香煙的燥熱傷肺。
3. 食用蘿蔔。

蘿蔔是最為常見的蔬菜，對於吸煙造成的肺部燥熱和肺氣肅降功能不夠，有很好的效果。

金朝元好問《續夷堅志》記載：辛未冬，德興西南磨石窯，居民避兵其中，兵人來攻，窯中五百人，悉為煙火熏死。內一李帥者，迷門中，摸索得一凍蘆菔，嚼之，汁才咽而復甦，因與其兄，兄亦活。五百人者，因此皆得命。

這段記載裡為文言，倒也不難懂，文中的蘆菔就是現在的蘿蔔。尋常蔬菜竟有如此奇效，驚訝吧？從中醫的醫理上說，蘿蔔生長在秋天，性涼，確實具有除肺中燥熱的功能。蘿蔔下氣，也能加強肺氣的肅降功能。所以，抽煙多傷及肺的人，常吃蘿蔔，自然很有好處。

7. 喝酒使肝臟長期藏血不足

　　吸煙喝酒是許多人的「生活」，對很多人來說，喝酒是家常便飯，醉酒也不是稀罕的事。

　　世界衛生組織提出的四大健康基石中，有「戒煙限酒」之說。所謂限酒，就是要把握一個度，這個度有兩個意思，一是要適量，喝多了肯定損害健康；二是要適時，有些人在許多時候都不適合喝酒。

　　大家都知道飲酒過量對身體有害，也知道醉酒的滋味不好受，但很多人對醉酒「作孽」的機制並不太了解。中醫認為，肝臟具有儲藏血液的功能，酒精卻會干擾它，把肝所儲藏的血液調動出來。肝儲藏的血液量不夠，便會影響肝臟的正常功能，長久就對肝臟造成傷害。

　　另外，肝臟的氣本來是溶在肝儲藏的血中，血液被酒精引出，肝氣自然無所藏匿，隨即從肝中出來，如果犯胃，則嘔吐；上頭，則頭暈；隨各人體質不同，而生種種症狀。所以，長期喝酒的人，不僅要考慮到解除酒精的作用，還要考慮到肝臟長期藏血不足的情況。

　　對於體質較好的人來說，偶爾醉酒倒不會對身體有太大傷害，反覆醉酒不是只有「難受」、「不舒服」那麼簡單，喝酒與疾病也有關係。酒會傷胃，導致嘔吐、胃出血；酒會傷肝，導致頭暈、酒精性肝硬化；還有一些疾病，雖然不是我們大家熟悉的酒後疾病，但的確與喝酒關係密切。

‧喝酒導致咳嗽、乏力

　　一位中年女性，咳嗽、乏力約一週。脈象偏大，詢問是否

喝酒。回答說這一週赴宴幾次，雖喝酒但不多。

結合她的飲食與脈象可以推斷，她的咳嗽、乏力是喝酒導致。酒精使得她的肝氣發散過多，又恰逢她肺氣虧虛，所以導致肝氣犯肺，於是咳嗽。

檢查她的太衝穴，果然兩太衝穴均顯示：穴位氣虛。因此在這兩穴位下針，留針兩小時以促進肝氣肝血的潛藏，從而解除過多犯肺的肝氣。果然，針後她的乏力和咳嗽症狀都有明顯緩解。叮囑回家後注意休息，用大米熬粥取上層的米湯，以補益肺氣，防止反覆。

・喝酒導致飯量越來越小

有個很漂亮的年輕女孩問我，她為什麼吃得越來越少，不是不餓，而是實在吃不下飯。問她是否節食，她斷然否認；問她是不是有胃病，她也搖頭。我接著問她是不是經常喝酒，而且喝得很多，她瞪大眼睛看我，不停地點頭。

在我的經驗裡，飯量越來越小、有時雖感到飢餓卻還是難以下嚥的，有兩種人：一是那種節食減肥的，強行節食，損傷了胃，導致胃越縮越小，胃氣虧虛，肝氣更來落井下石，導致最後即使想吃卻嚥不下。

另一種就是喝酒過多。足厥陰肝經從胃側面經過，古人描述為「挾胃」。如果喝酒過多，肝氣在經絡中大量壅集，這時就不是正常的「挾胃」，而是頂著胃了。長期喝酒，胃始終被過多的肝氣頂著，食物怎麼能順利下嚥呢？自然導致飯量越來越小，一整天都吃不下東西。

東西吃不下，長此以往，人體營養必然匱乏，導致更多疾病。這些疾病雖然看上去沒有太大關係，但疾病真正的源頭還是在於喝酒，所以為了健康，還是小心些，平時盡量少喝些酒。偶爾喝酒後，要設法解酒，不能聽之任之。

‧喝酒導致高度黃疸

喝酒的人，如果再碰巧是 B 肝帶原，就很容易被誤診，因為醫生多數情況更重視 B 肝帶原的問題，而不是喝酒的後果。我曾遇到一個這樣的患者。

一名中年男子，重度黃疸，住專門醫院兩個月，除了常規治療，另加兩次人工肝治療，黃疸不降反升，高達 270。最後醫生說，他的狀況危及，希望不大了。這話聽起來實在很嚇人。

在了解他的情況後，我注意到他長期嗜酒，雖然才 44 歲，卻已有 33 年的嗜酒史，也就是說 10 來歲就開始喝酒了。像他這種情況雖然不普遍，但現在青少年飲酒也不是什麼稀罕的事，當然這是題外話。

B 肝帶原雖然也能導致肝細胞損傷，出現黃疸，但嗜酒也同樣是黃疸的原因之一。先前的醫生只從 B 肝帶原的方向思考，沒有注意到酒精對他肝臟的損傷，所以療效才不太好。

考慮到他的嗜酒史，我給了他一個湯藥處方和一個丸藥處方。

湯藥處方是：

枇杷葉 10 克，熟地 15 克，天門冬 10 克，枳殼 10 克，茵陳 10 克，生地 10 克，麥冬 10 克，石斛 10 克，黃芩 10 克，生甘草 5 克

20 帖，每天一帖煎服。

丸藥處方是：

制首烏 90 克，當歸 90 克，白芍 120 克，柏子仁 80 克，炒棗仁 90 克，枸杞子 100 克，生鱉甲 60 克，生牡蠣 120 克，三七粉 15 克，鉤藤 60 克，雞內金 30 克，生麥芽 60 克

　　以上藥物煉蜜為丸，每次服用大約 10 克藥丸，每日三次。

　　上述藥物處方是中醫溫病名方，名為甘露飲，每味藥的藥量是我根據他的情況擬定的，不是原方藥量。

　　上述丸藥處方是陳武山先生創製的，名為保肝寧，用於治療酒精性肝病。雖然自己不會配置丸藥，但有些中藥店可代為製作。所以，給了配方。

　　他的黃疸確實是酒精引起，採用上述方法，20 天後他的黃疸已經退盡，體力還行，只是上樓時感覺有些喘。

　　停服湯藥處方，囑咐繼續服用保肝寧。兩個月後，他完全康復，恢復了原來的工作。這件事給我很深的感觸，醫生在對待病人時，要非常小心謹慎，特別是對於重症或危急患者的判斷。雖然他的判斷符合病理，高黃疸致死案例確實存在，但如果走出這個誤區，也許就能給患者一線生機。對患者來說，也不要因為被醫學判了死刑，就放棄希望。畢竟，生命是神奇的。

　　我們介紹了一些喝酒致病的案例，這裡就不過多地討論酒的利弊，而是重點介紹醉酒之後的處置方法，也就是俗話說的「解酒」。解酒可以把醉酒對人的傷害減到最低，當然，如果醉了解、解了醉，這麼無止盡地循環下去，再好的解酒辦法也是白搭。

8. 解酒妙招立見效

．**食醋解酒**　食醋與白糖，兌一杯糖醋水，緩緩喝下。或者單獨食醋 20 毫升，緩緩喝下。

　　從西醫的醫理上說，食醋能解酒，主要是由於酒中的乙醇與食醋中的有機酸，在胃腸內相遇起酯化反應，降低乙醇濃度，因此減輕了酒精的毒性。

　　從中醫的醫理上說，食醋有酸味，含離火；酒屬於兌澤。離火能夠制約兌澤，所以，醋能解酒。只是，這樣的解酒方法，也終究只是針對剛剛喝酒後酒精尚在胃裡停留的情況，對於促進肝的藏血情況並沒有作用。

　　．**烏梅解酒**　新鮮的西梅汁或藥店購買的烏梅煮水喝。

　　烏梅或新鮮的西梅味道很酸，解酒的原理與食醋相同。民間也常用它們來解酒。

　　．**綠豆、赤豆、黑豆解酒**　每種豆各 50 克、甘草 15 克，一起煮爛，吃豆喝湯。

　　綠豆、赤豆都是清熱解毒利尿的好東西，能利尿，自然就能把體內的酒精排出去。黑豆、甘草是中醫傳統的解毒處方，甘草護胃，黑豆護脾，不使肝氣犯胃犯脾。合起來用，也有助於清理體內的酒精，減弱因酒發散出的肝氣對脾胃的損害。很顯然，也有促進肝血重新潛藏的功能。

　　．**葛花解酒**　葛花 10 克，水煎服。

　　葛花是中醫傳統的解酒藥，但凡花類，大多屬於離卦，能夠制約屬於兌卦的酒。葛花因同時還與肝經有關，所以解酒功效更強些。但是，也只能消除酒精所造成的症狀，而不能有效促進肝血的潛藏。

　　．**芹菜解酒**　擠汁服下，治療醉後頭痛和顏面潮紅。

芹菜入肝經，具有疏肝解鬱的功能，且清肝膽溼熱。所以能消除肝氣鬱的症狀，但不能促進肝血的潛藏。

·**甘蔗解酒**　甘蔗 1 節，榨汁飲用。甘蔗榨汁需要專門的榨汁機，相對比較麻煩，有些地方的市場上有現榨的甘蔗汁出售。

新鮮的甘蔗汁清涼、味甜，可以制約酒造成的溼熱，從而消除因為喝酒導致的部分症狀。但不能促進肝血潛藏，肝氣回歸。

·**食鹽解酒**　飲酒過量，胸部難受。在白開水裡加少許食鹽，喝下去便見效。

肝氣入胸，導致胸中氣鬱。食鹽引氣下行入腎，所以能解除胸部難受的症狀。此方法也只治標不治本。

·**白蘿蔔解酒**　白蘿蔔 2 斤榨汁，一次喝完。也可食生蘿蔔。

白蘿蔔汁，清熱下氣，引氣下行。酒性溼熱，且引氣上行。所以白蘿蔔可以消除酒導致的部分症狀。白蘿蔔還利尿，也能促進酒精排出體外，只是它也不能促進肝血的潛藏。

·**橄欖（青果）解酒**　橄欖 10 枚，取肉煎服。

橄欖也下氣，道理與白蘿蔔類似，也只治標，不促進肝血潛藏。

·**鮮藕解酒**　鮮藕洗淨，榨汁喝。

新鮮蓮藕清熱利溼，可以消除酒造成的溼熱，也就消除了部分症狀。只是仍無法促進肝氣肝血回歸潛藏。

·**生梨解酒**　榨汁飲或直接吃梨。

梨子性涼，清熱利尿，也促進酒精的排泄，且清除酒在體內的溼熱，只是仍屬於治標的方法。

·**蜂蜜解酒**　蜂蜜適量，兌溫水服用。

其實不僅蜂蜜，單純的白糖也可以。

在醫院裡，對於喝醉酒的人，最常用的方法就是靜脈注射

50％葡萄糖。醫院裡這樣用，當然平時喝甜的蜂蜜水或白糖水也就有用，因為它們吸收後都會變為葡萄糖。

甜味的糖類解酒，其實也只是治標的方法。酒使肝氣發散，這發散的肝氣很容易犯胃，導致醉酒嘔吐等等。肝氣屬於木，木剋土，木過多，也很容易犯體內其他屬於艮土的成分。甜味屬於艮土，可以補益人體屬於艮土的成分，防止木氣來犯，所以蜂蜜水或糖水能解酒。只是，終究也只是治標。

· **拐棗解酒**　拐棗是一種水果，為解酒良藥。它的種子名為枳　棋子，中藥店有出售，煎水來喝，飲酒前飲用可在一定程度上防止醉酒，醉酒後飲用縮短醒酒時間，且對酒精中毒有緩解作用。

據《本草綱目》記載，從前有家人造房子，用拐棗樹的木頭做房樑，結果木匠在刨木頭時把一些木屑掉到了酒缸裡，結果缸裡的酒變成了清水，於是就此發現拐棗樹木頭能解酒，而它的果實和種子也有解酒功效。

· **桑椹子解酒**　成熟的桑椹子2兩，煮水喝下。

桑椹子是一種水果，也是中醫裡尋常的一味藥物，一般中藥店可以買到。《本草綱目》裡記載，桑椹子可以解酒。

桑椹子能滋補肝腎陰、養肝血、補肝氣；它能解酒，更能促進肝血潛藏，促進肝氣回歸，所以它的解酒功效屬於治本的。平時喜歡喝酒的人，常常買些桑椹子煮水喝，可以有效減緩酒精傷肝。

· **酒後護肝穴位**　兩側太衝穴，按摩。

喝酒傷肝，會把肝臟儲存的氣血釋放出來，影響肝臟自身的功能。足厥陰肝經的原穴太衝穴作用與酒的作用相反，經常按摩它可以促進肝氣肝血的潛藏，所以，可以用來解除喝酒的後患。

第四章

現代人的最大隱憂：

生活習慣病

世界衛生組織（WHO）曾將決定人類健康壽命的因素做了全面分析，得出以下結果：遺傳基因占15％，社會人文環境占10％，自然氣候條占7％；醫療保健條件占8％，個人生活方式（即個人心理、行為等）占60％。也就是說，一個人健康與否，有超過一半的因素掌握在自己手裡。

　　著名的《維多利亞宣言》也指出，現有的科學知識和方法已足以預防大多數疾病，人們對其優劣利弊也有能力鑒定，但有四項因素是每個人必須具備的，稱為「健康四大基石」，就是「合理飲食、適量運動、戒煙限酒、心理平衡」，做到了就可解決60％的健康問題。由此證明，健康的生活方式，才是維持身體健康的唯一捷徑。

1. 「生活習慣病」成人類頭號殺手

「職業病」是大家非常熟悉的用詞。

依《職業病防治法》的定義：職業病是指對從事職業活動的勞動者可能導致職業病的各種危害。危害因素包括：職業活動中存在的各種有害的化學、物理、生物因素以及在作業過程中產生的其他職業有害因素。

不過，我們這裡說的職業病，與《職業病防治法》中所提的不一樣。立法意義上的職業病，有專門的法規進行防治和指導。但除了立法意義上的職業病外，還有「準職業病」或者「類職業病」，就是從事某種工作容易成為某些疾病的誘因，在都市生活中，準職業病比職業病更為普遍。

「生活習慣病」也是新名詞，指人們在衣、食、住、行等日常生活中的不良行為，所導致的身體或心理疾病。

生活習慣病與社會變遷關係密切，總體上來說，現代是屬於「飽食年代」，許多疾病因此而起，所以有些國家把生活習慣病稱為文明病和富裕病。雖然生活習慣病與社會發展有關，但處在同樣的社會，有的人會罹患生活習慣病，有些人卻不會。歸根究柢，根本原因還是在我們自己。

2. 主要族群病：開車族、上班族、夜貓族

疾病與人們從事的工作及生活方式息息相關，我提出「族群病」的概念，則包含了職業病和生活習慣病的特點。

‧開車族

無論你是自己開車，還是職業司機，都是屬於開車族。但凡職業司機的職業病，只要是開車的人都可能「染上」。所以，我們先來看看職業司機常見的病症。

第一，噪音性耳聾　發動機運轉、汽車喇叭、所載物體的震動等，都會產生不同強度的噪聲。部分駕駛座的噪聲強度超過規定標準，喇叭聲在某些地方不絕於耳。

司機長期在噪聲的「攻擊」下，易產生損傷導致噪音性耳聾。初期症狀會在開完車後聽力下降，如不開車，聽力又會逐漸恢復。但長期開車，反覆接觸強噪聲，就會造成聽力損害，而且無法完全恢復，導致創傷性耳聾。

也許你的車子性能很好，噪音也很小，如果這樣就以為沒有噪音，那就錯了。不同引擎的噪音都不同，你只能盡量維護引擎的性能，這不僅是為了平安駕駛，也是讓你免受噪音傷害的方法。引擎的聲音是「先天的」，你只能適應，而駕駛座內「後天」的聲音，比如音響，就是自己可以控制的。有的開車族特別喜歡把音樂或廣播音量開得很大，這不是一個好習慣。

第二，視力疲勞症候群　司機在開車時，時刻都要注意路面車輛和行人的情況。時間久了，就會影響司機的視力，導致視力疲勞症候群，出現頭暈、視力模糊、眼睛脹痛等症狀。在這種情況下，要趕緊把車停下，適當地眺望遠處或綠色植物，緩

解眼部疲勞，或者做做保眼體操。克服視力疲勞不僅是保健，也是駕駛的「保險」，當視力疲勞的時候，隱性危險也會增大。

第三，頸椎病　開車時長期維持一個姿勢，而且眼睛盯牢前方，脖子挺直，容易導致頸部肌肉痙攣，發生頸椎微錯位，壓迫、刺激神經，出現頭部、肩部、上肢等處疼痛、發脹。開車時間越長，得頸椎病的機率越高。

最好在坐椅上放一個靠枕，在可能的情況下，盡量讓脖子多一個支撐。當然，最重要的是開車要保持姿勢正確，盡可能地多運動。一般連續開車一個小時，就要活動一下脖子。在等紅燈時，頭部向左、向右旋轉各十餘次，不但可以預防頸椎病，還能舒緩等紅燈的焦慮。

第四，併發症　長期久坐，頸部、腰部及四肢關節長時間處於同一種姿勢，會影響血液循環的暢通。除了會導致頸椎病，還會引發相關的腰痛、肩肌炎，也容易引發痔瘡。缺少全身運動，脂肪易在體內堆積，會導致高血脂症、肥胖等。連續開車時間過長，也易導致過度疲勞、精神緊張，進而發生神經調節失衡，誘發高血壓、血管神經性頭痛等疾病。

【欒博士養生提示】

上面提到的症狀未必都是因為駕駛引起的，但如果出現了這些症狀，就更要防範於未然。

可多吃一些含維生素的食物，如新鮮蔬菜、水果等。

飯後應休息20至30分鐘再開車，以利消化。

如果有較明顯的頸椎不適，腰酸背痛等狀況，最好做做按摩或針灸。

另外還有一點，如果開車會超過半小時，開車前最好先如廁。由於車子在行駛中不宜「方便」，而長時間憋尿會導致前列腺炎、泌尿系統感染及功能性排尿障礙等疾病，所以盡量不要憋尿。

．上班族

我給「上班族」下的定義是：

一、工作繁忙、壓力又大，整天坐在辦公桌前。

二、辦公室內整日亮燈，大樓裡見不到陽光；一年四季都待在中央空調的環境，無冬無夏，窗戶不是封死就是永遠不開。辦公室內幾乎沒有植物。

三、家裡從來不開伙，早餐都是路上吃，午餐永遠是便當，晚餐也是外食，用餐時間經常不定。

四、夜生活多采多姿。KTV 唱到天亮，一個星期卻難得運動幾次。

如果以上四條您都符合，那您就不只是辛苦的「上班族」，也快進入「亞健康領域」了。

我提出一些與健康有關的關鍵詞，這些恰是上班族群的健康殺手。

隔絕自然光 這是辦公大樓的特色。大部份的辦公室格局都像八卦陣，什麼都不缺，就缺陽光，整天燈火通明。這個族群易患「光源症候群」，長時間處在過亮的地方，會讓視神經疲勞，螢光燈發出的強烈光波亦會導致體內大量細胞遺傳變性，擾亂生物時鐘，造成自律神經失調，精神不振，且因缺乏陽光中的紫外線，使得缺鈣等各種疾病容易發生。

便當 很多上班族都是「早餐一個塑膠袋，午餐一個塑膠盒」，早餐吃漢堡、三明治等高熱量餐點，中午的便當又經常調味過重，常吃容易上火，出現咽痛、口腔潰瘍、牙痛、腹脹、便秘等症狀。長期食用煎炸食物，腸胃也容易出毛病。

空調 辦公大樓的空調性能都很好，夏季在 24℃以下，冬季在 24℃以上，的確很「舒服」。但這個舒服，光用引號都不足以表達我的不認同。我認為，辦公室的空調是「溫柔的屠刀」，這句話聽起來很嚴重，但一點也不誇張。空調的恆溫不但不利於

人的健康，更主要的是通風條件不好，會使空氣品質惡化。

坐姿 長時間注視螢幕、保持相同坐姿，會引發頭痛、腰痛、肩頸酸痛、眼睛疲勞、精神萎靡等問題。輕者看不清螢幕上的文字，重者會想吐，甚至抽筋、昏厥，危及生命。

夜生活 上班族工作壓力大，下了班就拚命「抒解」。這種抒解往往不能真正解除壓力，甚至矯枉過正。

上班族的「病」，主要是亞健康狀態，但如果不加以重視，最後就會造成疾病。許多過勞死都發生在上班族身上，就是這個原因。

· 夜貓族

夜貓族這個詞是怎麼來的，我沒有考證過。對於夜貓族的生活方式，我本身也沒有什麼好壞的評價，但夜貓族的生活非常傷身，這是無庸置疑的。

夜貓族，通常還伴隨著另一個健康隱憂——宵夜。通宵不睡，一定會餓，許多人就會吃宵夜。但夜晚支配胃腸道功能的副交感神經活動較白天強，胃腸對食物消化吸收能力也強，因此在夜晚經常吃下過多的高熱量食品，易引起肥胖、失眠、記憶力衰退、晨起不思飲食等症狀。

夜貓族多半以學生、未婚者居多，因為他們沒有太多束縛、自由自在。不過「夜貓」的方式也在變化，有很多人在家裡「夜貓」。我曾經在網上看到一個帖子，雖不是什麼悲慘的事，讀著還是覺得有些心酸。

「我的老公長期熬夜，我什麼辦法都用盡了，始終見不到成效，現在更是夜夜都要凌晨 2、3 點才會睡覺。

眼看著他身體越來越差，每天都要打噴嚏，可是他就是不肯 12 點之前睡覺。每次還為這些事情吵架，我甚至想晚上偷偷

給他吃安眠藥（蛇蠍女人？）

他熬夜也不是為了工作，而是玩遊戲、上網、看電影，總之就是不按照正常人一樣作息，經常白天在公司打瞌睡，假日就在家裡睡懶覺。最讓我擔心的是他的身體狀況，一年四季不管天晴下雨，幾乎每天都要打噴嚏、流鼻水。

昨天 3 點半我醒來，氣得打算衝過去砸掉他的電腦，他才願意關機睡覺。今天 12 點了還要打線上遊戲，最後討價還價說只玩 1 小時，但他卻很不高興的樣子。老天啊，我這麼做是為了誰啊？

想請問各位，有沒有醫治熬夜的方法啊？

另外，哪裡可以買到安眠藥？

不知道大家看了這個帖子有什麼感受，反正我覺得挺心酸的，妻子的用心良苦、軟硬兼施都不能阻止老公無節制的熬夜，甚至不得不求助安眠藥，而且還得昧著良心「偷下藥」。一個好端端的家庭，很可能因為老公的熬夜而破碎，我可不是危言聳聽。

我在前面曾經提過，熬夜分成良性熬夜和惡性熬夜，夜貓族——無論在外還是在家，都應該算惡性熬夜。夜貓族和熬夜工作在本質上就不一樣，熬夜加班大多是無奈、是不得已的，雖然熬夜會損害身體，但這個熬夜是有目的的，完成工作後還會得到成就感或輕鬆感。但夜貓族卻只是無聊、漫無目的地打發時間而已。

關於熬夜對身體的損害，前面已經說過，這裡就不重複了。就這個案例而言，這位發帖的妻子已經總結出丈夫反覆熬夜之後的後果，除了「白天在公司打瞌睡」、「假日就在家裡睡懶覺」之外，而且「一年四季不管天晴下雨，幾乎每天都要打噴嚏、流鼻水」。連我都不禁要喊聲「天啊」，還這麼年輕就每天打噴嚏、流鼻水，身體已經發出警訊了！

那麼，怎樣才能減輕夜貓族身體的傷害程度呢？我給不出什麼良方，唯一的辦法就只有夜貓族自己產生自覺，早日終止

這種不健康的生活方式。

◆藥博士開方

　　開車族、上班族、夜貓族，這三個族群在當今都市人之中占了很大比例，可以說是主流。只要你占其一，就要加倍留意你的健康指數。

1. 改夜生活為適當的推拿按摩

　　許多人的夜生活是為了調節上班造成的身心疲憊。可是，你知道嗎？就緩解身心的壓力來說，沒什麼能夠比得上中醫的推拿按摩。

　　推拿按摩還不僅使緊張一天的身心得到澈底放鬆，對於上班族最常出現的頭痛、腰痛、肩頸酸痛、眼睛疲勞等，都有很不錯的療效。既能治療疾病，又有預防作用，同時也是身心的享受，下班後去給人推拿按摩一下，然後上床睡覺，美美地睡上一夜，第二天自然精力充沛，體力、記憶力樣樣精人，在職場上更容易戰無不勝。

　　那麼，要去哪裡推拿按摩呢？

　　可以去那些專業的按摩場所，或是專門提供推拿服務的醫院。如果你是已婚者，更能和另一半一起學習按摩，晚上回到家裡，彼此相互按摩，既可以抒壓放鬆，也可以增加夫妻間的感情。

2. 與自然親密接觸

　　每天早半個小時起床，去戶外走走。

　　改變夜生活的習慣後，每天早半小時起床是很容易的事，別那麼匆匆忙忙，將一天都耗在沒有自然光線的摩天大樓裡。所以，趕緊趁早晨去社區花園或公園走走。在春夏，看看花草樹木煥發的生機，聽聽枝頭的小鳥唱歌；在秋冬，看草

木凋零和小鳥依舊忙碌的身影；每天早晨，都讓自己沐浴在純正的大自然光線裡。無論身心，都會獲得非常大的舒緩。

週休二日更可以去鄉下走走。離城市稍遠一點的鄉下，有整片的綠草、樹木和農田，空氣、水、糧食、蔬菜，一切都和城裡如此不同，身與心彷彿自然得到淨化。與大自然做親密的接觸，從中醫的角度說，是讓身心回到最適合人類的環境。

現代化的摩天大樓，至今也不過二、三十年；在那以前的世世代代，人都是生活在那樣子的大自然中。那是千百萬年來人類的生活環境，人類最適應的就是它；回到那裡，人會像遊子回到熟悉的老家，什麼壓力疲憊都會一掃而空。

任何健身房的訓練，從人體全面受益的角度說，都比不上在鄉下待上一天。

3. 吃新鮮的瓜果蔬菜

一粒乾玉米與一粒新鮮的玉米，用實驗室的方法去檢測，很難測出它們的營養成分有什麼不同；可是，從中醫的角度看，它們卻有很大的差別。

新鮮的東西含有兌澤之氣、含有震雷之氣，不僅有益於脾，而且有益於心肺。這種使用《易經》術語的描述，大家可能不太懂，其實意思就是：新鮮的東西帶有大自然的氣息，所以，比乾的東西更讓我們的身體接近自然，也對人體更好。

由於上班族離自然更遠，所以，在飲食的選擇上，「新鮮」兩字尤為重要。盡量不要選擇非當季的東西，或經過冰凍和冷藏運輸的東西；盡量選擇當季出產的蔬菜瓜果，如春天的豌豆、夏天的黃瓜、秋天的蘿蔔、冬天的青菜和大白菜等等，無形中就能增加人體健康。

其實上班族疾病的根源，都是因為離大自然太遠。所以，盡量回歸自然就是最好的治療和保健。

第五章

心病還需心藥醫

情緒與飲食一樣，都是最常見的致病因素。過喜傷心，盛怒傷肝，大悲傷肺，恐懼傷腎，思慮過度傷脾。早在《黃帝內經》誕生以前，我們的老祖先就注意到不良情緒對人體健康的影響，並且對情緒導致的疾病做出了系統的總結。

　　如果一個疾病確為情緒所導致，要找出病因是很容易的，因為自己本能就會知道。比方說，對某人或某事非常生氣，經常會說出「氣死我了」之類的話，氣到一定的程度，就可能會引發一些疾病；再比如說，對某些事憂心忡忡，一段時間後也會引發疾病；又或者事不遂心、悶悶不樂等，時間久了也會生病。

　　這種種疾病的發生，情緒因素是如此明顯，所以在這一篇中，我們將不再細談尋找病因的方法，而是來看各種不良情緒可能給人導致的疾病種類，和針對它們的處理方法。

　　我們常說「七情六慾」，但就七情來說，界定也不是完全相同的。《禮記・禮運》說：「喜、怒、哀、懼、愛、惡、欲七者弗學而能」，就是說這七種情緒是人與生俱來的。

　　佛教的「七情」與儒學的「七情」大同小異，指的是「喜、怒、憂、懼、愛、憎、欲」。中醫理論稍有變化，指的是「喜、怒、憂、思、悲、恐、驚」七種。現在，我們就圍繞中醫七情中容易致病的五種，來討論情緒與疾病的對應關係。

　　在這裡，需要提及甚至強調的是：情緒導致的疾病不僅種類繁多，程度也常比我們想像的還要嚴重。尤其情緒致病不是單一的因果關係，比如受涼了就感冒，情緒對人的健康影響往往是互相牽引的。

　　比如說，思慮過度會導致失眠，連續幾年不能睡

好覺，而失眠又帶來更多的疾病；憂慮過度會導致胸中結塊，而且是很大的塊，影響呼吸；大怒之後導致食不下嚥，因為不能吃東西，進而導致營養不良，各種疾病將依次來到；過於緊張導致心跳異常，甚至還有腸道出血、尿血、發狂、哮喘等等。

幾乎可以說，因為情緒不當傷及五臟，五臟受傷，各種類型的疾病都可能發生，而且程度會很嚴重。用現代的醫學儀器檢查，也會檢查出實際的病症，甚至是重病。可是，雖然能檢查出實際的病症，但這種情緒導致的疾病，用平常的治療方法，很難有效果。心病還需心藥醫，疾病是情緒導致，還得從情緒去治，所以，這一篇的內容不可忽視。

1. 恐傷腎

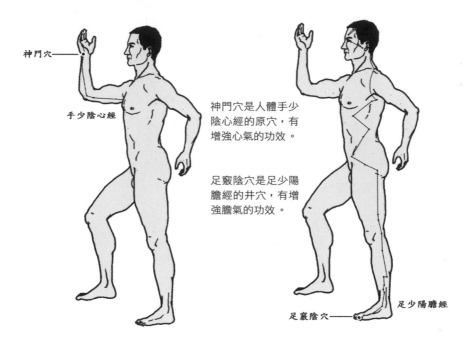

神門穴

手少陰心經

神門穴是人體手少
陰心經的原穴,有
增強心氣的功效。

足竅陰穴是足少陽
膽經的井穴,有增
強膽氣的功效。

足竅陰穴

足少陽膽經

　　在中醫理論裡有一句叫「恐傷腎」,腎在人體具有怎樣的
功能呢?

(1) 腎藏精,主生長、發育和生殖

　　「夫精者,身之本也」。腎中所貯藏的精氣是生命的根
本,具有促進生長、發育和生育能力的作用。

　　如果一個人的腎功能有問題,恐怕他的麻煩就不是一般的
大了。一是自己的生長發育會受到影響,若是未成年,身高、
體重會樣樣比不上同齡者;若是成年人,直接就是不孕不育,

難以繁殖後代，同時還有過早衰老的跡象。

(2) 腎主水

腎有主持和調節水液代謝的功能。如果這個功能出錯，一方面可能導致尿少、水腫等疾病；另一方面，也有可能出現尿頻、尿急、小便清長、尿量增多等情況。

(3) 腎主納氣

雖然看上去我們的呼吸是肺主持的，然而，肺所吸入的氧氣，必須依賴腎的納氣作用，才能維持呼吸的均勻和調。這個功能出錯，很有可能會導致慢性支氣管炎、肺氣腫、支氣管哮喘等疾病。

看看腎的這些功能，再思考「恐傷腎」這句話。恐懼會使腎的這些功能出錯，造成的疾病不僅種類多，也可能很嚴重。

驚恐的情形有很多，人遇到突發的事件，便會產生驚恐。比如走在馬路上，突然一輛汽車迎面撞來；坐在纜車上，纜繩突然劇烈搖晃；或走在山路上，不遠處突然滾下一塊巨石等等。面對突然發生的意外，一般人都會驚恐。

但驚恐的程度和反應因人而異，面對同樣的情形，有的人只是一驚，有的人可能會出冷汗或尿褲子，有的人會「連汗毛都豎起來」，有的人則會「嚇破了膽」或者「魂飛魄散」，有的人則會當場斃命。中醫理論認為「恐則氣下」，所以，恐懼過度所導致的人體疾病一般表現在人體下部，如大便、小便失禁，遺精，兩腿無力等等。

面對驚恐的不同反應，與人的生理、心理乃至生活經驗都有很大的關係，這不在我們的討論範圍之內。這裡，我想和大家談的是另一種「驚恐」，我稱之為「慢性驚恐」。

我們來看一個實例：

有一位中學老師，平常覺得自己十分健康，然而某日學校

舉辦體檢，竟然檢查出癌症。

對醫生來說，會覺得這樣的結果也好，因為提早檢查出來，就可以提早治療，壽命也會因此延長。

單純地從治療面來看，也許確實是如此。然而，人是有生命、有思想的，這些都會大大影響治療的過程。

那位中學老師最後只活了 83 天。

83 天，僅僅 83 天；原本生龍活虎的他，死了。毫無疑問，他不是病死的，也不是醫療疏失，而是被體檢的結果給活活嚇死。

中醫理論提到「恐傷腎」，對於疾病的恐懼，加速了他的死亡。不僅是他，認真想想，恐怕每個人的周圍，都能找到這種因為對疾病的恐懼，而導致病情加重甚至死亡的患者。

這種因檢查出重病而心生恐懼的情況，若要詳細地分析解釋，需要很多篇幅；而且，再多的分析也不如自己想通，因為旁人再怎麼勸解，也不是當事人。只有當事人才能從「死亡恐懼」中走出來，真正地拯救自己。

如果知道自己在害怕，就要時常提醒自己，這種害怕只會讓病情加重，對自己沒有任何益處；如果沉浸在對疾病的恐懼中而不自知，那麼，只要身體出現二便異常、遺精、骨酸痿弱等情況，就要多加注意，這常常不是疾病本身造成的，而是對疾病過度擔憂導致。

「恐則氣下」、「恐傷腎」，所以，對於因恐懼導致的疾病，醫學上並沒有現成的處理方法。首先要努力轉移對疾病的注意力，特別是去查詢有沒有人生了相同的病而最終痊癒的。

要相信，現在醫學所做的種種論斷，也只不過是人得出來的。是人，就可能出錯，對於醫生給出的「死亡判決」，最高明的態度當然是「寧可信其無，不可信其有」，這樣反而會有一條生路。在現實生活中，不信醫生的「判決」而創造「生命奇蹟」的比比皆是。這種「奇蹟」既是對醫生或醫療機構的挖

苦，也是生命的禮讚。人，要把生命掌握在自己的手裡，這樣的人生才是圓滿的。

對於患者來說，身邊真實發生的患者超越死亡的故事會振奮人心，使得因恐懼而下洩的腎氣被提上來，從而解除恐懼造成的症狀。

面對各種產生恐懼的困境，也有一些辦法加以緩解，按摩兩側神門穴和右側足竅陰穴就是不錯的方法。神門穴是人體手少陰心經的原穴，有增強心氣、促進渙散的心氣回歸的功效；足竅陰穴是足少陽膽經的井穴，有增強膽氣的功效。

◆欒博士分析

如果大便溏、小便頻、遺精、腿軟等，那麼，想一想生活中是不是有著讓你害怕的事情，比如說對於疾病或者人生的恐懼等。如果恐懼是疾病的原因，那麼一定要設法消除恐懼，否則，其他的治療不會有效果。

2. 喜傷心

首先，我們不妨用「喜」字來組詞：欣喜、歡喜、驚喜、狂喜，這些常見的詞大概代表了「喜」的不同程度和形式。喜是一種非常可取的情緒，是對生活滿足的一種反應，一個人如果沒有喜，那是很可怕也很可悲的。

喜的情緒與人的生活環境和經歷關係很大，比如一個人在上中學時，家裡給他買了一輛自行車，他禁不住欣喜若狂；隨著時間的推移，事業有成，即使開了寶馬、賓士，也沒有太強烈的喜悅，從某種意義上講，前者更「可喜」。喜，有時候就像安眠藥，奏效的「劑量」要不斷加大，有時候，我們真的要反思豐饒的生活究竟帶給我們什麼了。這是題外話，下面我們說說喜對人的傷害。

單一個「喜」字，是健康幸福的標誌，但「過喜」就成了疾患的代名詞。舉《范進中舉》這個故事為例吧！文中形容范進得知自己中舉的消息，「自己把兩手拍了一下，笑了一聲道：『噫，好了，我中了！』說著，往後一跤跌倒，牙關咬緊，不省人事。」這范進的病便是過度的喜造成的。

在中醫理論裡，「過喜傷心」。心，具有怎樣的功能呢？

⑴ 心主血脈

心具有推動血液在血脈中正常運行的作用。這個功能正常，人的面色紅潤光澤；若出現異常，則可能面色萎黃、心慌氣短、心痛、胸悶等。

⑵ 心主神志

心具有管理精神、意識、思維活動和情緒活動的作用。這

個功能正常，人則精神煥發、思維敏捷、記憶力強；若出現異常，則可能精神萎靡、思維遲鈍、記憶力下降、心悸、失眠、多夢、譫語、昏迷等。

⑶ 心協調五臟六腑的功能活動

心為五臟六腑之統帥，負責協調五臟六腑，維持人體正常的生命活動。這功能若出錯，人的麻煩就不是一般的大，生命會有危險。

看看心的上述功能，再看看「過喜傷心」，沒想到歡喜過了頭，對人體的傷害竟也會如此之大。正應了一句老話，樂極生悲。

現在回頭來看范進中舉後的「一跤跌倒，牙關咬緊，不省人事」，這是因為過於歡喜，「心主神志」的功能出錯導致。暴喜過度，心氣渙散，神不守舍，於是昏迷。

「開心過度」的治療，一種方法就是像《范進中舉》裡的胡屠戶一樣，想出些辦法來讓他恐懼，「恐勝喜」，可以消除過於喜悅的後患；另一種方法也可以按摩兩側神門穴，神門穴是手少陰心經的原穴，有促進渙散的心氣回歸的功能。

3. 怒傷肝

　　如果說因驚恐或狂喜而致病比較罕見的話，因生氣而致病則是「家常便飯」了。生氣和中醫七情中的怒相對應。生氣和發怒是一種情緒的兩個不同階段，或兩種不同程度的反應。

　　一般來說，生氣是發怒的前奏；也有相反的，瞬間被激怒，怒氣難消但又在消退的過程中慢慢地生氣。在本節中，對生氣和怒不做詳細區分。

　　如果按照褒貶來劃分，怒是中性的。有時候怒是正氣的化身，是耿直的表現，面對他人不良、不端的行為或者受到某種傷害的時候，發怒是一種良性的情緒；有的時候，怒是心胸狹窄的標誌，發「無名火」甚至遷怒於他人，就是一種惡性的情緒。當然上述是良或惡都是從社會學的角度來劃分的，從醫學的角度來說，無論哪種怒，都對身體有害。

　　在中醫理論裡，怒傷肝。肝在人體具有哪些功能呢？

⑴肝主疏洩

　　肝的疏洩功能，可使全身各氣的升降出入運動暢達、有序、協調，因此使得經絡通利、氣血和調、臟腑功能活動正常。倘若這個功能出錯，一方面，有可能造成肝氣鬱結，出現胸脅、兩乳或少腹等足厥陰肝經循行部位的脹痛不適；另一方面，有可能造成肝氣上逆，出現頭脹頭痛、面紅目赤、吐血、咯血，甚至昏迷、暴死等情況。

　　肝的疏洩功能異常，還會導婦女經行不暢，痛經、閉經或形成卵巢囊腫、子宮肌瘤、梅核氣、肝腹水等。

　　倘若肝氣失常時影響脾胃的功能，導致肝氣犯脾或肝氣犯胃，那麼，有可能導致眩暈、腹瀉、腹脹疼痛、噯氣嘔吐、食

慾不振、口苦、黃疸等。

(2) 肝藏血

　　肝具有貯藏血液和調節血量的生理功能，假如這個功能出錯，會導致頭暈、眼花、肢體麻木、月經量少或閉經等等。

　　看看肝的上述功能，再想想「怒傷肝」，發怒會導致肝的功能出錯，出現如此多的疾病，是不是正應了「生氣是用別人的錯誤懲罰自己」這句話呢？

　　我們來看幾類因怒致病的實例。

·生氣導致頭暈、眼花、腳底麻

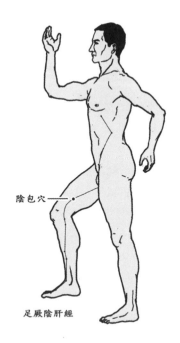

陰包穴可解除眼脹、腳麻的症狀。

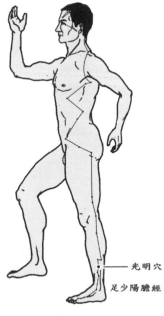

光明穴屬於足少陽膽經穴，可以治療老花眼。

　　一人生氣不久後，即覺頭暈，自言好像有一圈圈的風繞著頭頂吹；眼睛發脹；眼花，看東西有疊影，稍看一會就模糊，書離老遠才能看清，但也只能看上幾分鐘，幾分鐘後又眼花，右腳底有個地方發麻。

　　生氣怎麼會導致頭暈眼花？

　　從中醫的理論上說，「怒傷肝」、「肝藏血」，突如其來的生氣與大量喝酒一樣，會使原本在肝臟中儲存的氣血一湧而出，湧向足厥陰肝經。沿著肝經的渠道，上達於頭頂，導致頭暈；上達於眼睛，造成眼脹；沿著絡脈的渠道，逆流入足少陽膽經，影響光明穴的功能，會導致眼花。當然，氣血上湧，上達於面部，還會導致臉紅脖子粗，同時腳底卻因為缺血導致腳底麻。

　　生氣導致的頭暈、眼脹、眼花、腳底麻，治療的方法是：

　　首先，努力讓心情平復下來。持續的生氣，不顧勸阻一味放任怒氣的擴散，那是沒有良醫良藥的。

　　其次，情況平復後，在兩側太衝穴下針或按摩。太衝穴是足厥陰肝經的原穴，主管肝臟氣血，能夠促進肝氣肝血的回歸潛藏，從而解除頭暈症狀。

　　然後，按摩右側陰包穴，解除眼脹、腳底麻的症狀。

　　最後，按摩兩側光明穴，以解除眼花的症狀。

‧生氣導致胃痛

　　一婦女生氣後不久，突然胃部劇痛，不得不送醫院急救。

　　生氣為什麼會導致胃痛？

　　道理與上面一樣。「怒傷肝」、「肝藏血」，生氣使得本該在肝臟儲存的氣血突然大量湧向經絡。足厥陰肝經「挾胃」而行，從胃底經過，在生氣時，倘若偏巧有胃氣虧虛的情形，

大量湧出的氣血哪裡也不去，就直走胃，輕者導致胃部脹滿，不思飲食；稍重則導致胃部劇痛；再重些則導致大量嘔血。

生氣導致胃痛，處理的方法是：

首先，努力不要生氣。還停留在生氣的狀態，什麼治療會有效？

其次，平復之後在兩側太衝穴下針或按摩，道理同上。

最後，在右側足三里穴下針或按摩。足三里是足陽明胃經的合穴，能夠增強胃氣，迫使來犯的肝氣回頭。

・生氣導致閉經

一位女孩還在讀高中時某次大怒，就此閉經。之後多年，到處求醫，百般治療，仍是閉經。

這也許是一個極端的例子，我們後面再討論舉這麼一個極端例子的意義，先還是從醫理上看看生氣為什麼會導致閉經。

在中醫的理論裡，這仍然是因為「怒傷肝」、「肝藏血」，生氣使得本該儲存在肝臟中的氣血突然湧向足厥陰肝經的緣故。足厥陰肝經有一個絡脈的分支直通子宮，用以調節月經的來臨與停止。這個分支中的經氣倘若受到生氣後突然湧出的肝氣干擾，就會導致閉經。

生氣不僅會導致急劇地閉經，還會導致緩慢地閉經。我在上一個例子中說過，假如胃氣虧虛，生氣會導致肝氣犯胃，輕度的肝氣犯胃只是胃脹滿，使人沒胃口，甚至雖然想吃東西，但是吃不下去。對一個女人來說，長期吃不了東西，自然會營養不良，氣血匱乏，於是導致閉經。

生氣導致的閉經怎麼處理？

首先，當然是不能停留在生氣的狀態或再生氣。自己現在都受到嚴重傷害了，難道還不能看開點嗎？要是繼續生氣，是根本沒有辦法治療的。

　　其次，如前面所介紹的，按摩兩側太衝穴。

　　然後，按摩右側曲泉穴。曲泉是足厥陰肝經的合穴，能夠促進更多的肝氣的儲存。

　　最後，如果已經營養不良，出現血虧症狀，便可以服用中醫的補血處方四物湯；如果出現氣血虧虛症狀，那麼服用中醫氣血同補的處方十全大補湯，同時加強飲食方面的營養補充。

·生氣導致的其他疾病

　　生氣不僅僅導致上述的疾病，輕者還會導致腹瀉、腹脹、噁心、嘔吐、梅核氣、失眠等；重者則會導致中風、癌症等。

　　生氣，真的是用別人的錯誤來懲罰自己。想想生氣可能導致的疾病吧，你還敢生氣嗎？

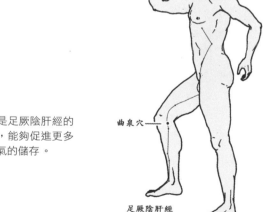

曲泉是足厥陰肝經的合穴，能夠促進更多的肝氣的儲存。

曲泉穴

足厥陰肝經

4. 思傷脾

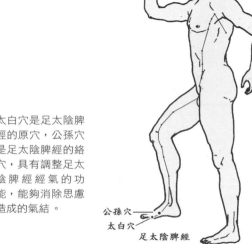

太白穴是足太陰脾
經的原穴，公孫穴
是足太陰脾經的絡
穴，具有調整足太
陰脾經經氣的功
能，能夠消除思慮
造成的氣結。

公孫穴
太白穴
足太陰脾經

　　思是我們最常見的一種，也是對健康影響最普遍、最深遠
的一種情緒，甚至可以說，思就是人體健康的一部分。

　　思，通常包括幾種情形，最普遍的莫過於思慮，是都市人
幾乎每天都要經歷的。思慮工作、事業，思慮家庭，思慮生
計，很多人每天都在思慮中度過；再來就是思念、相思，相思
成疾在中國古典文學中比比皆是，在現實生活中也不罕見；思
的更高層次是憂思，精英人士這種情緒更為明顯，許多憂鬱症
患者的誘因就是憂思過度。

　　在中醫理論裡，「思傷脾」。脾在人體都具有哪些功能？

⑴ 脾主運化食物

　　思慮傷脾，如果傷到脾的這個功能，不免就要出現腹脹、便溏、食慾不振了。如果影響的時間長了，人體長期沒有足夠的營養攝入，必然會導致氣血虧虛，以至於出現倦怠、消瘦、心悸健忘、失眠多夢等等。

⑵ 脾主運化水液

　　中醫認為，脾具有吸收、轉輸水液，調節水液代謝的功能。倘若過度思慮，傷到脾的這個功能，會導致水液停聚，產生溼氣、痰涎、水腫等等疾病。

⑶ 脾主升清

　　這升清是指脾能夠使人體的清氣上升。倘若思慮過度傷到脾的這個功能，會導致頭目眩暈、精神疲憊。

⑷ 脾主統血

　　在中醫裡，脾具有維持血液在血管裡正常運行的功能。假如思慮過度，傷到這個功能，那麼不免要出現出血性的疾病了，如崩漏、便血、尿血、鼻子出血等。

　　因為脾具有這麼多功能，當思慮傷脾，隨個人體質不同，竟能導致這麼多的疾病。所以，我們是不是要特別關注這個問題呢？

　　其他幾種情緒致病，我都建議首先要解除這種情緒，比如因為生氣致病，就要停止生氣；但因思致病，就複雜多了，說白一點，「停止」思慮後人體仍無法自己調整過來。這裡的停止用了引號，意思是說，思是很難停得了的。如果真的停了，身體健康是不是能迅速恢復呢？也很難說。

　　這是因為「思則氣結」，思慮過度，本來在經絡中正常循行的經氣會鬱結在一起。就像一根繩子被打了結，如果後來沒

有人把這結重新解開，它是不會自己解開的。人體的經氣常常也是如此，雖然生活已經安定，不再多思多慮，然而，先前形成的結仍然存在，所以，這樣的情況不經治療，很難自動恢復。

解除思慮過度的方法，當然最重要的還是「停」，做起來很困難，但非做不可，否則疾患的加深只是時間問題。

這裡也介紹兩種方法，減輕思對身體造成的壓力：

一是在兩側太白穴和兩側公孫穴針灸或按摩。太白穴是足太陰脾經的原穴，公孫穴是足太陰脾經的絡穴，具有調整足太陰脾經經氣的功能，能夠消除思慮造成的氣結。

二是針灸或按摩兩側三陰交。三陰交也位於足太陰脾經之上，也有消除氣結的功效，尤其是治療思慮過度造成的頭暈等，有良好效果。

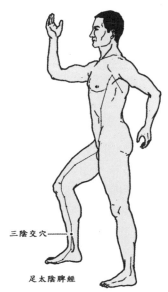

三陰交穴

足太陰脾經

三陰交可消除氣結，治療思慮過度造成的頭暈。

5. 悲傷肺

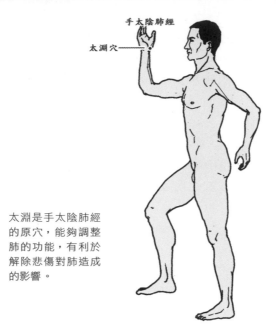

手太陰肺經

太淵穴————

太淵是手太陰肺經
的原穴，能夠調整
肺的功能，有利於
解除悲傷對肺造成
的影響。

　　悲是人的情緒中較極端的一種，一般來說，會有一個具體
的事件作為誘因引發悲傷。對於這種情緒，不必也不該過多勸
誡，做為常人，如果遇到傷心事，悲傷是難以避免的。一個沒
有或缺乏悲傷情緒的人，恐怕本身就不夠「健康」。

　　儘管我主張不要刻意地阻攔悲傷，但依然要說說悲傷對人
體健康機理的影響。

　　「悲傷肺」，在中醫裡，肺具有怎樣的功能呢？

(1)肺主氣，司呼吸

　　呼吸功能當然是肺負責的，所以，如果悲傷過度傷了肺，
會讓人覺得呼吸不順、胸悶等。

(2) 肺主宣發和肅降

肺主宣發有三層含義。第一，指肺與鼻子相通，肺能通過鼻子排出體內的濁氣。第二，指肺能夠將脾轉運來的津液、食物消化吸收後的營養物質向上、向外散布到全身各處，上至頭面，外達皮毛。第三，指肺能把肺氣送到皮毛去，幫助皮毛完成它的散熱和防禦外邪入侵的功能。

如果悲傷過度傷害了肺的宣發功能，會出現是怎樣的疾病呢？鼻塞、皮膚乾燥、容易傷風感冒。

肺主肅降也有三層含義，第一，指肺吸入自然界的清氣，並使它下到腎那裡去。第二，指肺將脾轉運來的津液和食物的營養向下送到其它各臟腑組織去。第三，指它能將各臟腑組織工作時產生的濁液下注到腎臟去，並通過腎臟排出體外。

如果悲傷過度傷害了肺的肅降功能，會出現怎樣的疾病呢？咳嗽、哮喘、尿頻、營養不良。

(3) 肺主行水

肺為水的上游源頭，對於人體水液的正常代謝具有重要作用，一旦悲傷過度傷到肺的這個功能，出現水腫、痰多等症狀是很正常的事了。

(4) 肺朝百脈，主治節

肺朝百脈，就是指全身的血液，都通過經脈流經過肺，通過肺的呼吸作用，進行氣體交換，然後再輸散到全身。肺主治節含義較深，難以三言兩語解釋，不過，肺氣虧虛，常會出現關節痛的情況。

想想看，如果悲傷過度，傷到肺的「朝百脈」的功能，那麼麻煩就大了。這時，檢查的結果就是血液出現問題。

肺具有這麼多功能，悲傷過度會傷肺，隨個人體質的差異，而出現種種症狀不同的疾病。遇到悲傷的事情，悲傷的

情緒要宣洩出來，過度壓抑反而會影響健康，但要學會走出悲傷，切莫讓悲傷「傳染」或者嚴重損毀自己的健康；如果是那樣，也是一件令人悲傷的事。

這裡介紹兩個按摩方法，可以在一定程度上舒緩悲傷情緒，或者減輕悲傷對人的傷害。

一是按摩兩側太淵穴。太淵是手太陰肺經的原穴，能夠調整肺的功能，有利於解除悲傷對肺造成的影響。

二是按摩左側足竅陰穴，增強膽氣，克制悲傷。

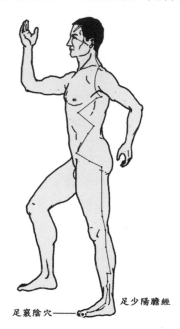

足竅陰穴———　　足少陽膽經

6. 心病還需心藥醫

在前面介紹各種常見的情緒疾病時，我同時介紹了一些相關的穴位，以幫助解除這些情緒導致的後患。除了這些穴位，其實，治療情緒類的疾病，還有一個更好的方法，那就是人們常說的「心病還需心藥醫」。

在中醫的經典著作《黃帝內經》裡記載：「怒傷肝，悲勝怒」、「喜傷心，恐勝喜」、「思傷脾，怒勝思」、「憂傷肺，喜勝憂」、「恐傷腎，思勝恐」。也就是說，若一種情緒造成了疾病，可以設法讓患者產生另一種情緒，從而抵消原來情緒不當造成的後患。運用上述《內經》的理論，歷代醫家留下了許多著名的精彩醫案，這裡摘錄一些供大家參考，或許會有幾分裨益。

· 思傷脾，怒勝思

張子和是金代的醫學家，在中醫歷史上占有重要的地位，被後人稱為金元四大家之一。這個失眠的醫案便出自他手。

有一富家的婦人，因為思慮過度，失眠兩年，藥物治療無效。她的丈夫便求名醫張子和治療。張子和切脈後說，她的兩手脈都很緩，一定是思慮過度引起的，沒有好的藥物治療，但可以設法讓她大怒。「怒勝思」，一旦大怒，她的失眠就可以治癒。

可是如何才能讓她發怒呢？

張子和與她的丈夫暗地裡商議了一下，然後，每天藉口給她看病，去她家與她丈夫一起飲酒，臨走時還要診費，數量頗多，卻不給她看病。如此多天過後，這個婦女終於忍無可忍，

於是大怒。因為大怒，隨即出汗，出汗後立即覺得睏乏，想睡覺了。這一睡不是一個晚上，而是整整睡了八九天沒有醒，大概把兩年份的覺都補回來了。八九日過後醒了，從此再未失眠，睡眠恢復正常。

名醫就是名醫，他治療這個失眠的方法非常巧妙，把人激怒，一下子病就好了。由於有思慮過度在先，這怒只是治療了疾病，卻不會導致人生出更多疾病。

當然，這種方法在現代看來，好像太不現實。不過，現在比過去有更多的選擇性，比如說，現在什麼樣的電影電視都有，找一個看了能讓人怒氣沖沖的影片來看，也可以達到同樣的效果。

·喜傷心，恐勝喜

在張子和所著的《儒門事親》裡，還記載著另一個名醫治療喜樂過度的醫案。

有一個人因為喜樂過度生病了，請名醫昔莊治療。昔莊認為他的病不是藥物能夠治療的，必須要讓他害怕才行。怎麼讓他害怕呢？當時的人們都是很相信名醫的，如果醫生遮遮掩掩表現出一付他的病沒法治療的模樣，那麼，病人必然會產生害怕的情緒。

想到了治療的方法，名醫昔莊假裝認真地給他切脈，然後吞吞吐吐、欲言又止，最後終究沒有說什麼，而是告訴病人他要回去取些藥物，回頭再來。見昔莊的表現，病人本就開始心中懷疑，又見昔莊一去不回，派人去請，也總是推三阻四不願前來。這一來病人心中疑慮更甚，數日後終於心中產生絕望情緒，以為自己即將死去，因此驚恐不已，放聲痛哭。

　　這一痛哭，他的病竟然立即減輕許多。這邊病情剛覺緩解，昔莊也立即出現，對病人一番詳細說明，於是病人才知道原來讓他痛哭，就是名醫的治療法，自然疑慮頓消，因為喜樂過度引起的疾病也順利痊癒。

　　只能說，名醫就是名醫，什麼東西到名醫手裡都是治病的良藥。不過，在現代的社會，要讓喜樂過度的人心生恐懼，倒不用這麼複雜，去租一片讓人害怕的鬼片給病人觀看，讓他心生恐懼即可。

・憂傷肺，喜勝憂

　　這也是張子和先生的著名醫案。

　　古代有個叫息城的地方，那裡一個官員聽說自己的父親被賊人殺害了，頓時悲傷痛哭。剛哭了後，立即覺得心痛，而且一天比一天痛。過了個把月，竟然在痛的地方出現積塊，形狀像杯子覆蓋在那裡一樣，劇痛不已，用藥都沒有效果。

　　有醫生建議用艾灸的方法試試，病人不喜艾灸，於是請張子和先生來治療。張先生到的時候，剛好有一個搞巫術的人在場，於是，他就學那巫人的可笑模樣，雜以戲謔的語言，逗得病人大笑不止。這一笑後兩日，病人心中的積塊全部散去。

　　在現代，因悲傷致病的例子也並不少見。大家想想看，要是現在的人得了這樣的疾病，去醫院治療，要花上多少錢呢？還很難治得好。可是，張子和先生卻用逗別人大笑的方法迅速將病人治癒。

　　當然，我們沒必要按張子和先生的辦法逗病人開心。只要找病人喜歡、看著可以哈哈大笑的影片或書，就能除去疾病。這個方法既然能夠治病，平常悶悶不樂的時候，有意識地找些讓人開心的東西或影片等，對人的身心靈也很好。

要判斷疾病是否為情緒導致，是很容易的事。倘若真的是情緒所致，建議大家可以研究上面對應的方法，不必花什麼錢，就能真正地除去病根、解除痛若。

　　當然，這是我的一種「方」，關鍵還是要愛惜自己，不要讓某種情緒毀了自己的健康。你對自己的愛護，或家人朋友之間的愛護，都是最好的「心藥」。

第六章

「運動」能載舟亦能覆舟

由於「運動有益健康」的觀念深入人心，所以，不得不就此話題說說運動和健康的關係。

毫無疑問，「運動有益健康」這句話整體來說沒錯，但對這句話的理解和運用卻有很多誤解。

有些人每天主要是腦力勞動，出門以車代步，上班全天坐著，很少有活動的機會，這樣的人做些運動，活動活動筋骨經絡，確實有益健康。但也有些人，如家庭主婦、教師、工人等，每天的活動夠多的了，倘若再刻意去運動，就會導致相關疾病。還有些體質虛弱的病人，應以靜養為主，要是誤信「運動有益健康」，便會影響疾病的恢復。

由於健康類書籍的流行，對於運動，除了我們熟知的跑步、游泳等，還有種種的「保健」方法。由於這些方法不一定適合所有人，但卻很少被提及，因此我便在本章中一併分析。

1. 盲動症

　　首先要說明，盲動症不是病名，而是我新創的一個詞，是指「看到書上介紹的養生之道，就盲目地拿來用，算是廣義的『盲動』；再來就是過分相信運動在健康中的作用，盲目地運動，這種『盲動』也要付出代價。」

　　的確，在我們現實生活中，很多人都有「盲動症」，他們不知道運動過多對人體的損害。大家看看那些專業的運動員就知道，他們幾乎每個人的身體都曾受到傷害。

　　運動過多為什麼對人有害呢？

　　不知道大家有沒有這樣的感覺，適當的運動一下、出出汗，人會胃口大開，想吃更多東西；可是，要是運動量過大，反而會沒胃口，吃不下東西。

　　人體是很奇怪的。適度的運動，會耗費掉人體一定的營養；人體感覺營養少了，便會產生胃口、感到飢餓，讓人把運動耗掉的營養補回來，甚至補得更多，超出了原本運動消耗的能量。這時，人攝入的營養便會多起來，氣血會變得旺盛，健康也隨著好轉。可是，若是運動過度呢，耗費的人體營養太多，人便沒有力量去供應消化能力，這時再吃很多東西，就是增加人體更多的負擔。

　　所以，雖然運動過度，人體會急著營養補充，但又因為無足夠能力消化食物，也只好無奈地減低人的食慾，讓人不想吃東西。消耗過多，卻又不能攝入足夠的營養，人體只能動用原有的身體儲備。長期下去，大家可以自己判斷，這對人體的健康損害有多大。

　　所以，適當的運動有益身心，但大量的運動就千萬要不得了。至於什麼叫做適當，大家可以依自己身體的感覺為準，如

果運動過後，感覺神清氣爽，食慾頗佳，那就是適當的量了。

　　對於運動，大家還需要知道一點，即使在適當的範圍，某類運動也只適用於某些人，對另一些人反而會造成傷害。例如跑步，適量的跑步對某些人來說絕對強身健體，但對另一些人則不免有害。要判斷哪種運動適合自己，主要靠自己試驗，期限是一週。如果對自己有益，應該會感覺好一點；如果感覺不適，這個運動可能就對你有害，最好換另一種。

　　上述是適量運動的原則。我提出這一點，是希望大家明白，只有適度和適當的運動才是有益健康的。

2. 瑜伽病

瑜伽是現今極為流行的一種時尚健身運動,但瑜伽也不是健身的萬能藥,也有練瑜伽練出毛病的。

如果出現韌帶拉傷、軟骨撕裂、關節炎症、神經痛等疾病,而且你正在勤練瑜伽,毫無疑問,這是練瑜伽的方法不當造成的,也就是「瑜伽病」。

如果出現了瑜伽病,處理的方法就是:

暫時停止練習瑜伽,去找專業醫生治療。這些都不屬於疑難的疾病,可以很容易治好。

說到瑜伽,必須再聊幾句。瑜伽的本義,是傾聽身體深處的訴求,加上動作的導引,把靈魂和肉體結合至最佳狀態。也就是說,真正的瑜伽是基於心靈的,練習時主要是心靈的放鬆和平靜,而不是機械的動作。

因為是基於心靈,從肉體和靈魂深處調整自己的整體狀態,所以,瑜伽不是直接用來塑身的。練習瑜伽,要達到一定的境界也絕非一日之功。恐怕大多數人練瑜伽,不是為了把靈魂和肉體結合在一起,而是想用它減肥、塑造完美的體形吧!其實這是違背瑜伽的本義的。

退一步說,即使你把瑜伽當成塑身的手段,也不是不可以,但切不可急功近利,否則瑜伽病就在所難免了。有很多女性透過練瑜伽達到了塑身的目的,實際上並不是瑜伽本身的效果。如果你用瑜伽塑身,在練習時要充分考慮自己的柔軟度、平衡和力量,一定要遵循量力而為的運動原則,如果強度過大或難度過高,就可能導致運動傷害,那就得不償失了。

3. 敲膽經

　　敲膽經原本不該歸在運動的範疇，但推行者把它劃到了運動的領域。我甚至在網上看到一句敲膽經的推廣語：「敲膽經最適合長期坐在辦公桌前不運動的朋友」。言下之意，敲膽經可以作為運動的替代品。

　　我們就把敲膽經視為一種運動，來討論一下。

　　我不想過多地褒或貶敲膽經，只是想提醒大家，對在一定範圍內被神話了的敲膽經，保持一定的清醒態度。

　　下面是我針對「敲膽經」所搜集到的實際經驗，也許對大家會有幫助。

・好現象：

　　⑴ **提高食慾**　「敲膽經確實有效，我一家三口都敲，基本都是飯後敲，每次都會放屁，排便，食慾提高。」

　　⑵ **減緩胃泛酸**　「我同事敲膽經後說胃泛酸的毛病好多了，他的膽已經割掉了」。

　　⑶ **感覺輕鬆、手腳暖和**　「我雖然也是亂敲，可是幾天下來全身感覺輕鬆多了，走路時腿也比較張得開，最重要的是手腳變得暖和！目前還沒按心包經，如果兩者結合應該會更好吧！」

　　⑷ **感覺有精神**　「我身體和精神很差，主要是傷精的症狀，時間很長了，讓我痛苦不堪！服用了一段當歸四逆理中沖劑並結合敲膽經，感覺恢復不錯，人也比較有勁，氣血充足，也比較有精神了。」

　　⑸ **除胃堵**　「每當我吃過飯便覺得胃堵，食物下不去，就敲膽經，常常還沒敲完，感覺就舒服多了。」

(6) **除頭髮油** 「我原本頭髮很油，每天要洗，嘴唇發黑。敲了近一個月的膽經，現在頭髮不那麼油了，嘴唇也變紅了，好處實在很多。」

(7) **改善睡眠** 「立竿見影，我敲了很快就能睡著，每天都很好睡。原本很難入睡，敲的時候兩大腿外側疼，不知道是什麼經脈，剛開始學習。」

・不知是好是壞：

(1) **有飢餓感** 「晚上 9：00 按照書上方法敲膽經，整個過程不到 10 分鐘，左右分開敲的，敲的時候居然有飢餓感，但一分鐘前我還吃了很多水果，飽得不得了呢！」

(2) **增重** 「我一直敲膽經，最近體重重了 6 公斤，現在想來，與此有大關係。」

(3) **消瘦** 「我是從今年年初開始按書調養身體的，現在明顯覺得身體比以前好，雖然只瘦了不到一公斤，看上去卻好像瘦了很多，可能是因為血液增多了吧。我現在的問題是：每天要上好幾次大號，第一次量多一些，後面幾次量也不算少，但也不是腹瀉。基本上都發生在早晨，如果早晨沒有上夠，下午還會繼續。最多一天會上 4、5 次，少的每天也有 2、3 次。」

・壞現象：

(1) **失眠** 「11：00 就睡了，12：00 居然就醒了。我平時睡覺是不太容易醒的。然後 2：00 多又醒了一次，真是怪。」

「我晚上九點鐘睡覺，到凌晨兩三點就會醒來，失眠一兩個小時之後才能入睡，這種情況是不是肝熱？好像是敲膽經之後才出現的，這是怎麼回事？」

「我一直睡眠不太好，自從敲膽經以來好像睡眠更差了，按肝經和心包經、太衝也沒什麼改善。」

「求助：原來睡眠品質良好，按書上的方法按摩膽經、肝

經和太衝後，卻感覺頭脹，睡眠品質變差，無法入睡了。是方法不對，還是別的什麼原因呢？」

「看了一位老師的敲膽經和按摩包心經後，執行到現在已經一月有餘。但現在每天晚上老是會醒來，導致白天有點瞌睡，大便也不正常，2 天多才一次，以前是一天一次，很有規律的。」

(2) **腿軟、飯後胃脹、睡不夠** 「4 月中旬總算了結了一些事，16 日開始敲膽經，同時敲肝經，偶爾按太衝穴。膽經還好，頭兩天敲肝經的時候特別痛，敲完覺得大腿很輕鬆，之後就很累、很軟，好像走了很多路似的。過了兩天，打嗝放屁特別多。接著打嗝放屁略少，開始出現飯後胃脹，有時會噁心……這三週以來總是睏，睡也睡不夠。」

(3) **腫塊** 「第一天敲，右邊大腿出現一個腫塊，直徑大概有 1 到 2 公分，敲完馬上就出現了，很癢。腫塊過了幾個小時消下去一半，但是留下一塊淤血。紅色的一圈，裡面幾點淤血，都是紅色的，看上去好噁心，後面幾天這腫塊一直在，有時腫有時消偶爾覺得癢，敲到的時候會癢和痛。不知道這屬於什麼情況，有點嚇人。」

(4) **頭痛** 「最近半年一直敲膽經，最近一個月頭痛得特別厲害，是那種持續的痛，每天夜裡都做特別多夢，工作效率超低。我是不是得了西醫說的腦瘤啊？」

「我小孩剛滿四個月，還在吃奶，敲了幾天膽經後開始出現頭痛、鼻炎以及上火（臉上長痘）現象，停了兩天好像好了一點點，不知道還要不要繼續敲？」

「我媽有長年逢秋冬季發作的偏頭痛，而且一直痛在左邊，我仔細問過她，從她說的部位看是在足少陽膽經的承靈穴處，看了書之後，我要求我媽堅持敲膽經。沒想到敲了一個星期，偏頭痛在晚上 10：50 到 11：30 左右痛得更加厲害，一量血壓有 150/90mmHg 左右，而且疼痛難忍，吃降血壓藥也壓不

下來。實在沒有辦法,她就敲膽經和大腿內側的足厥陰肝經,還真有效,經過大約 10 分鐘的敲肝經膽經,血壓和頭痛都好轉了。如此一來,晚上才能安睡。第二天晚上又是如此。」

(5) **腹部發涼** 「我敲膽經時,感覺由於拳頭震動,腹部感覺不適,腹部發涼,就像稍微劇烈運動後的腹部不適一樣。」

(6) **易生氣** 「我未敲膽經前就愛生氣,對孩子也沒耐心,雖然事後後悔不該發脾氣,但當時就是忍不住,可能是肝火太旺,所以胃有毛病,經常會痛,也有乳腺增生。在敲膽經前,我感覺好一些,但不知為什麼,敲了十幾天膽經後,肝火反而有所上升,容易生氣。」

(7) **腿涼、便秘** 「我和老婆開始敲膽經近 20 天了,還為此買了個按摩器。每天晚上 8 點半左右開始按摩膽經和心包經,我白天自己手動敲幾分鐘,幾天前發現敲完後兩腿都有冰涼的感覺,請問這種反應正常嗎?老婆現在有便秘現象,不知道跟敲膽經有沒有關係?」

(8) **經絡紅痘** 「最近在吃生化湯,又兼敲膽經和心包經、肝經等,現在在肝經和心包經的一些地方生了紅紅的痘痘,像極了蚊子咬的一樣,紅腫,癢」。

(9) **胃嘈雜** 「我兒子正在高考,這兩天由於胃的問題總是睡不好。他身體本來就不好,總是眼睛乾澀,看書時間長就疼痛,遇到風就更屬害了,胃也是虛寒型的,一受風寒就咳嗽,看了書之後就鼓勵他敲膽經,可正值高考之際胃又出問題,總覺得胃有點嘈雜、特別是餓的時候,這兩天夜裡總是被這種感覺弄醒,然後很難入睡,特別到 5、6 點時最容易醒,然後就難以入睡,這樣下去會影響到考試。但他平時三餐又正常,也很能吃,不知道這到底是敲膽經的正常現象還是怎麼回事?」

(10) **眼睛問題** 「我的孩子 8 歲,一直有點近視,0.8 左右,在 1 月份的時候給他敲半個多月的膽經,那時說過兩次眼睛忽然什麼都看不見,我看孩子眼前一片茫然的樣子,當時很害

怕，但還好只是十來秒的時間就沒事了。後來因為有事半個多月沒敲，孩子都很正常。在3月初時又開始敲膽經，沒幾天孩子又突然說看不到了，也是十來秒的時間，後又停敲膽經。現在孩子再也沒出現過看不見東西的情況了。」

(11) **身體酸痛** 「從7月份開始敲膽經的『一招三式』，兩個多月後，身體開始出現『修復』現象，具體現象是經常身體酸痛，一般兩三天緩解。後來身體反應太大，經常夜裡酸痛兩三個小時不能睡，每天大便都出現水便。」

(12) **血壓升高** 「我按書上教的敲膽經，按摩肝經、心包經，按太衝，喝陳皮水後，出現了如下症狀：一是由睡眠良好變成經常失眠，難以入睡，十分痛苦。二是血壓升高，由正常到159 ／ 98mmHg，而且伴有頭暈、心悸等症狀。所以奉勸大家，並不是每個人都適應敲膽經，千萬要小心！」

・先好後壞：

(1) **腸胃病好，高血糖來** 「本人自去年敲膽經以來，感覺收效很大，十多年的腸胃病也好了，體重也下降了10多公斤，以前的眼睛乾澀也好了。但兩個月前後腰部位脹痛，尿的泡沫較多，近期開始腰好了，又出現腹股溝部位有些脹痛。上週去醫院檢查發現尿糖和血糖嚴重偏高，醫生建議：立即住院治療！」

(2) **臉色轉好，白屑來** 「從去年10月敲膽經，體重增加一些，臉色也好多了，期間睡眠不佳及腰膝酸軟等也曾出現過，只是在去年12月左右智齒發炎後，身上的皮膚就不好了：先是頭上起了很多白皮，後來身上出現很多紅疹，找醫生看，有的說牛皮癬，有的說玫瑰糠疹，開了很多藥，莫衷一是，我乾脆不治了，現在症狀輕了很多。只是現在頭上的白頭屑（很碎小）卻越來越多，而且上唇也起了像剝脫性唇炎的病一直不好。」

需要說明的是，以上引述的內容都是我從中醫網上收集來

的，對網友們列舉的各種或好或壞的後果，與敲膽經之間的聯繫並沒有經過考證，有時恐怕練習者本人也是一本糊塗賬，所以這裡就不妄加論斷。如果你曾經練習過敲膽經，或者今後會敲膽經，上述的實際經驗或許對你會有幫助。

傳統的中醫理論很難解釋敲膽經。而從《易經》的角度，解釋起來則比較容易，我在這裡耗費一些篇幅，和大家來討論這個問題。

敲擊，屬於震動，對應於震卦。

膽經，屬於離火，對應於離卦。

在膽經上敲擊，就像讓火焰震動。想像一下：一盆火，我們在盆的下面和邊上敲擊，讓盆震動，那火焰會怎樣呢？又或者大家想像一下炸藥，炸藥屬離，雷管屬震，震入離中，導致炸藥爆炸，形成沖天的火焰。所以，離和震在一起構成的卦，古人把它命名為：火離噬嗑卦。

敲擊膽經，使人體的離火從經絡中溢出，是敲膽經的真正中醫機理。

在人體之中，心屬於震。震與心相應，所以，膽經的火最容易入心。火擾於心，當然容易導致失眠。這是為什麼上面的例子中，失眠的人最多的原因。那麼，你可能要問了，不是也有人敲膽經改善睡眠嗎？是的，如果你心火不夠的話，敲膽經就會促進安眠。這正說明，敲膽經要因人而異。

膽經經過人體的頭部，倘若人的心氣較盛，離火不易走心，而膽經向來氣虛，於是離火之氣循經上炎於頭，則難免出現頭痛或原來的頭痛加重，有人甚至會出現血壓增高的現象。這也是敲膽經後，這種例子增多的原因。

膽經之火還有一個功能：作為釜底之火腐熟水谷（即消化飲食），用通俗的話說，就是負責人體飲食的消化。傳統中醫理論形容：「胃為釜」。胃負責容納食物，就像我們廚房裡的鍋一樣。膽經的火，作為離火，有一部分居於胃底，就像我們

廚房裡的燒飯用的火一樣，負責在鍋底加熱，以煮熟食物。

「這樣的話，敲膽經不就很有好處了嗎？」你可能要責問我了。

敲膽經，確實能夠增加膽汁的分泌，我也認為沒錯。問題在於：敲膽經增加胃底的火的機會有幾分？敲膽經一定能夠增加胃底的火嗎？人的胃底一定需要很多的火、或者鍋底的火焰越大越好嗎？鍋裡沒有食物時，仍要給鍋底加火嗎？

把複雜的知識用簡單的道理寫出來讓人明白，並不是容易的事，希望下面的敘述大家能懂。

膽經的離火，在人體之中擔負許多功能，比如說：飲食下肚之後，給胃底供應一部分用以腐熟水谷；給心供應一部分，用以讓眼睛明亮和做其它的事。膽經絡於肝臟，所以還有一部分離火入肝，幫肝做事；足少陽膽經之上有著許多的穴位，每一穴位都有其自身所管轄的領地和功能。這些穴位，也各需要一部分離火。

離火的大本營在膽經之中，卻與胃、心、肝等臟腑有著密切的聯繫。人體智能的調節系統，根據胃、心、肝等各個部分的需要，適時地做出相應的調節。比如說：當飲食入胃之後，趕緊調節多些離火入胃；當飲食消化完畢，趕緊把胃底的火撤除去做別的工作；當人醒來之後，趕緊多分些離火入心，用以資助眼睛的光明；而當人閉上眼睛，則又從心撤出離火，讓人安靜睡覺。其他的功能也是如此。健康的人體總是按照各部分的需要，對離火做出有序的調節。

敲膽經，則是人為地把離火從它所待的經絡裡激發出來，而避開人體智能的調節系統。那麼，這被激發出的離火，會去哪裡呢？

一定會去胃底？如果胃、心、肝等相比較，胃的氣最弱，那麼被強行從經絡裡激出的離火，倒真的會逃向胃，從而具有促進消化的功能；但假如不是胃氣最弱呢？想要敲膽經幫助消

化，只能是一廂情願了吧。其實，敲膽經後胃酸減輕、胃堵消失，明確地說明此時膽經之離火更多地去了別的地方，就消化的功能而言，反而是影響消化的；而敲膽經後食慾提高，剛吃飽還飢餓才是離火入胃。

現在，我們就假如胃氣最弱，敲膽經後離火更多去了胃底。那麼，人體的胃底，就一定需要很多離火嗎？尤其是在胃中空空之時。

從《易經》的角度說，人體的血糖增高是胃受到過多的震動導致。胃為燥土，過於乾燥或受震動，則容易滑落血中，出現血糖增高的現象。人體的智能系統正常工作之時，只在飲食入胃之後，才調集離火入胃以助消化，從西醫的理論上看，只有飲食入胃之後，膽囊才立即排出儲存的膽汁。飲食消化完畢，離火也會立即撤離。

在胃中空空之時敲擊膽經，假若真的因為胃氣弱而離火選擇走胃這條道，則相當於鍋中無水無糧，卻在鍋底生火，受損的必然是胃本身，使土變得過於乾燥，從而導致高血糖的出現。這是真正的糖尿病，能使人眼瞎截肢的糖尿病，並非所謂的體質好轉、人體清除廢物等等。

如果人體心氣虛，離火入心。若這個人偏巧因為某種原因、心氣正常需要的離火不夠，敲膽經後會感覺有精神、睡眠變好；但如此誤打誤撞的機率能有多高呢？對大多數人而言，只會造成心火偏旺，睡眠被擾。上面摘錄的睡眠問題還不是太嚴重，我曾在中國中醫藥論壇上看到有人求救，敲膽經之後，大半年竟幾乎沒睡著過，人極度消瘦，於是非常恐慌。敲膽經後臉色好轉也是因為離火入心。

如果人體肝氣虛，那麼則離火入肝經。我的一個友人，也曾對敲膽經感興趣，斷續敲過幾次，每敲一次，肝經的井穴便化膿。幾次試驗均是如此，於是最後放棄。

如果是頭上的氣最虛，那麼敲擊之後，離火立即上頭，造

成頭痛、高血壓。如果皮毛氣虛，則離火從皮毛而出，形成腫塊、痘疹、白屑等等。

中醫自古形容醫生處方：用藥如用兵。對患者的情況全盤研究之後，才會開出藥物和針灸穴位及方法的處方。這樣也僅僅是作為治療疾病時使用，而不敢讓患者自己長久使用，甚至作為保健的方法。如果不加辨證，一味用一種方法處理經絡，使人體各種氣血循環失去正常的平衡，先不說有什麼保健的效果，搞不好會造成各種莫明的疾病。

人，本質上是屬於坤土。坤為溼土，就像地球表面潮溼的土地。人體內部潛藏離火，就像地球深處蘊藏的高熱。長期敲擊膽經，就像讓潮溼的土地經受長久的火烤，讓地底潛藏的高熱釋放於地球表面。那麼，人最後還能成為人嗎？從這個意義上來說，長期敲膽經會折損人的壽命，對任何人都沒好處！長久地敲膽經，並不是可取的養生之道。

有人說，某人敲兩年膽經之後胃癌痊癒，我不想說什麼，只是很想見識這個敲膽經治癒胃癌的人。

古代中醫大師張子和，他在書裡一再教導人們，「有病不治，即得中醫」。表面的意思是：生病了不去治療，就等於是被平凡的醫生治療。實際上是說，庸醫太多，很容易把人治壞。平凡的醫生只會把人治得不好不壞，等於沒治療。只有厲害的良醫才能真正治好病人的病。任何試圖把醫學簡單化的做法，都必然意味著極少數人受益，絕大多數人搞出病來的結果。

聽聽讓自己覺得身心舒暢的音樂、早睡早起、充足的休息、設法讓自己身心愉悅、正確的飲食習慣等，才是平日養生的真正法寶。如果要用醫學的方法養生，就得從最基本的醫學知識學起，並廣泛閱覽他人的例子。多年以後，才能找到適合自己的養生法。任何一看就懂、號稱適合所有人的醫學養生法，必然毀人遠多於救人。

生命是自己的，千萬不要盲信！

下篇

《易經》養生自療

〈導言〉
自療不只是治療，更是生活的態度

首先，要請大家注意的是，本書所提供的諸多自療法，都是屬於「常見疾病」。為什麼要特別強調呢？是因為我希望大家能建立對自己健康真正有幫助的自療理念。

我們都知道，醫生這個職業是人類與疾病鬥爭下的產物。在醫生出現之前，人類的疾病都是自己解決的；即使醫生產生之後，自療仍是人們對付疾病的重要途徑。古代如此，現代如此，將來也勢必如此。

自療是一個比較廣泛的概念，我們每個人都有自療的經歷。例如，對付感冒這種常見的疾病，我們可能很習慣到藥局買一些成藥，或者熬一碗熱騰騰的薑湯、煮一碗辣乎乎的湯麵，其實這就是自療。自療一般都是借用前人、他人的醫療經驗，利用相對簡便的藥物和手段，對疾病進行一些簡單的處置。由於自療不需要掌握系統性及複雜的醫學知識，實行簡單，又能取得一定的療效，因而受到大眾的青睞。

然而，我們也不能忽略，有許多人對自療存在著錯誤的認知，無法處理好自療和就醫的關係，往往減損自療的效果。

第一，應全面理解「自己的健康自己做主」。

這句話有兩層含義需要強調：一是自己身體健康的維護主要靠自己，任何輕視疾病的態度，都是對自己的傷害。患者自己應該比醫生更了解自己的疾病和健康狀況，醫生的診療也必須借助患者的訴求來實現。可惜的是，許多患者對自己的身體狀況缺乏基本了解，即使就醫也是在一種被動的狀態之下，很顯然地，這就沒有做好自我了解。有的人因為對醫生和醫院的偏見而惰於就醫，那就更不應該。

二是要做一個聰明的患者。什麼是聰明的患者？就是前面

提到的，要了解自己的疾病和健康狀況，從而大大提高醫生治病的效果。

第二，恰如其分地認識自療。

近年來有大量關於自療的書籍出版，對於提高大眾的健康水準有重要意義。但不可否認的，有些書籍或多或少地誇大了自療的功效。

「一冊在手，百病無憂」、「把醫生請回家」之類的宣傳語，只是一種美好的願望。實際上，任何一本書都不能讓我們百病無憂，也不能當作家裡的醫生。疾病本身是複雜的，大部分的疾病還是需要依靠醫生。

那麼，哪些疾病適合自療呢？這沒有特別確切的界定，一般來說是三個字——顯、單、輕。

所謂「顯」，就是症狀比較顯著，你自己根據症狀可判定疾病的種類，而且能與你所掌握的自療方法對應；「單」是指單一疾病，這話未必準確，但我相信大家明白我的意思。當你患了多種疾病時，即使每一種疾病都有現成的自療法，我也還是建議你去看醫生，因為疾病之間會互相起作用，而這是你很難把握的；「輕」當然是就程度而言，如果病得不輕，自己採取的自療措施又沒有明顯緩解病情，就一定要去醫院。

順便請大家記住，自療「轉」就醫時，一定要把你採取的措施告訴醫生，以利醫生診療。

第三，自療的境界：療防合一。

「上醫治未病」，這是我們都很熟悉的一句中醫古訓。在現實生活中，能「治未病」的，正是我們自己。對於已經發生的疾病，醫生給予的是治療方法；有時候，醫生也會告訴我們如何防止疾病，但通常都得靠我們自己去摸索。在摸索的過程中，可以諮詢專業醫生，也可以借助書籍或其他媒體。總之，我希望大家再忙也要花點時間去了解。

本書彙集了一些常見疾病的自療方案，便於大家查詢和掌

握。全書更貫穿一個思想，就是從日常生活的因素中排查疾病的原因，並根據這種因果關係，防止相關疾病產生，這就是我說的「療防合一」，也是我所理解的「自療」最高境界。愛惜自己，認識疾病，「化敵為友」──自療不是單純的治療行為，而是一種生活態度。

在大家閱讀本篇之前，我想給大家一些提示，也許可以幫助大家完整地掌握本篇的內容。

一、請確實注意我的提醒

那些提醒都是我從實際經驗中得來的，有一定的準確性。比如第七章〈給你一個時間的「羅盤」〉有一段話：「有一點要注意的是：一定只能針對酸痛或出現硬結的穴位按摩，千萬不要覺得既然按摩這一側有效，另一側即使不酸痛的同穴位，也順便按按看，說不定也會有好處，於是也去按幾下。如果你是這麼想的，那就大錯特錯了！」類似的提醒還有很多，有些還做了更詳細的說明，希望大家不要忽略。

二、留意療法後面的提示

本書中提出許多從疾病出發和因人而異的理念，列在第十章《穴位貼敷巧治病》中 28 種常見疾病的自療方案，同樣要遵循這個理念。一種自療方法在實踐中被證明是有效的，但一定也有例外。對於我經歷過的例外，我都給出了提示。在〈全身受寒導致鼻塞〉一節中，我說了「如果按揉後未見鼻塞減輕，那麼此法也不會有效，請另尋他法」；在〈牙齒久痛〉一節中，我說了「如果按揉後牙痛沒有緩解，那麼此法無法，請不要繼續試驗」。類似的提示，包括其他一些方法上的提示，都希望大家可以留意。

第七章

給你一個時間的「羅盤」

時間，能讓人生病，也能讓人健康。

　　在中醫裡，時間自古就是導致疾病的重要原因，也能被巧妙地利用來治療疾病。

　　把疾病和時間因素加以連接，是一條治病的蹊徑。

1. 時間也會導致疾病

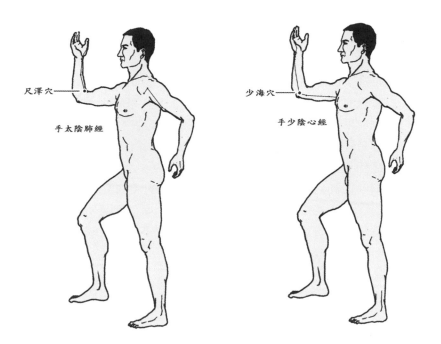

尺澤穴———

手太陰肺經

少海穴———

手少陰心經

　　當我提出這個概念時，你首先想到什麼？想到疾病與季節、時令之間的關係嗎？若是如此，我首先要恭喜你，因為你是個有生活智慧的人。許多疾病都與季節密切相關，在流行病學上尤其強調這一點，養生學也把時令當作一個重要的指標。

　　但是，我在這裡所講的時間，無關季節或時令，只與具體的日期有關。簡單地說，一個人患了一種病，昨天患病與前天患病，在治療方法上是不同的。

　　是不是有大吃一驚的感覺？在開始進入正題前，我們先來看一個真實的例子：

　　2008 年 6 月 8 日的端午節，我在廣州中醫藥大學的一位學弟突然胸口痛得嚴重，同時還心跳異常。一日後稍有緩解，但只要走路、做事，症狀立即加重。他自己嘗試著解決，沒有效果，於是來找我。

　　問過他的飲食、運動後，未發現異常。於是詢問他的出生日期，以古老的天干地支紀時法計算，他出生於「甲子年乙亥月己卯日」，發病那天是「戊子年戊午月己卯日」。

　　結合他出生的時間和發病的時間，我選擇了：右側尺澤穴、左側少海穴，取兩根針灸針，對著這兩個穴位扎下。

　　五分鐘後，讓他站起來行走，他說好了很多。

　　這個「很多」，他後來詳細說是 90%。

　　兩根細細的銀針，在五分鐘內，把他的疾病解除了 90%。

　　也許你覺得很玄，或者覺得是奇跡，其實都不是，這在中醫裡是最普通不過的一個案例，也是我許多醫案中非常尋常的一個例子。之所以選它，是因為我正在寫這段文章，而它就發生在寫文章的前幾天罷了。

　　這個例子之所以能取得這樣快捷的療效，是因為兩個因素：

　　第一，學弟的胸痛不是因為飲食、情緒、運動等我們日常生活中顯而易見的事，而是因為時間，是時間導致了他的疾病！

　　第二，我曾研究過時間這個因素對人體健康的影響，並深入研究過《黃帝內經》中的五運六氣學說，找到了針對「時間致病」的針灸選穴方法。

　　他的疾病是時間導致，而我卻幾乎精通五運六氣學說等中醫時間醫學理論，也有很多成功治癒疾病的先例，當然對付他的問題是輕而易舉。兩根針、兩個穴位、五分鐘，他的疾病即刻解除。

　　時間也會導致人生病！

難以置信嗎？沒錯，乍聽之下，這確實令人難以置信。然而，這卻是真的。在中醫的歷史上，早在《黃帝內經》誕生的年代前，古代的智者就發現了時間是疾病的根源之一，並且把針對「時間致病」的五運六氣學說寫入了《黃帝內經》中。在《黃帝內經》之後，古時一代代的針灸大師，更是密切觀察時間對人體穴位開闔的影響，而一步步創造並發展了針灸選穴的時間醫學流派。

在中醫裡，時間自古就是導致疾病的重要原因，也能被巧妙地利用來治療疾病。

西醫雖然至今仍沒有「時間會導致疾病」這樣的觀念，但是，西醫是建立在現代科學的基礎上的。從現代科學技術的先端理論來看，遲早西醫會發現，時間也是導致許多疾病的原因之一。其實，不用等別人來發現，如果你能讀懂現代物理學兩大基石之一的量子理論，那麼，你自己就能立即推論出：「時間能讓人生病，也能讓人健康。」它是我們日常生活中看不見、摸不著，但卻很重要的健康因素。

時間為什麼會導致人生病？又如何讓人生病？諸如此類的問題，要有條有理地回答清楚，需要大量的篇幅，甚至可以直接寫一本書了。這裡就先不贅言，只要知道：時間，是許多疾病的「病因」！

2. 檢查及治療：五臟經絡的合穴

　　從普通的途徑，很難辨識疾病是否為時間所導致。我為大家想出了一個自我測試的方法，十分簡單易行，那就是：檢查五臟經絡的合穴！

　　中醫經絡學說認為：在心、肝、脾、肺、腎五個內臟部位，各有兩條重要的經絡通過，這些經絡分別被命名為手少陰心經、足厥陰肝經、足太陰脾經、手太陰肺經、足少陰腎經。

　　這些經絡在肘、膝部位各有一個穴位（如圖），這些穴位被統一稱為各經的合穴。

　　現在注意：這些合穴，便是與我們時間醫學關係最大的穴位。

　　與別的穴位在出現問題時可能毫無感覺不同，只要是時間導致的疾病，相應的合穴上必有表現，通常是用手指稍按下去，便會感覺到明顯的酸或痛；有時不僅僅酸痛，還會在穴位處出現或大或小的硬結。

　　由於時間導致的疾病，在這些穴位處用手指稍按就有酸痛感。所以，很簡單，我們逐個用手指稍按這十個合穴，看看有沒有穴位酸痛的和哪位穴位酸痛。如果沒有穴位酸痛，這個疾病便與時間無關，便可以從日常生活中去找原因和解

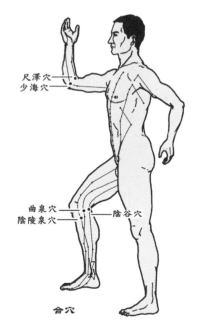

尺澤穴
少海穴

曲泉穴
陰陵泉穴
陰谷穴

合穴

法；如果有穴位酸痛，時間便至少是這個疾病的一個原因。

　　其實，用這種檢查合穴的方法，在得出時間是疾病的一個原因時，同時也等於找到了解決的辦法，就是：按摩所有這些酸痛的穴位，直至不酸不痛或更結消散為止。倘若不害怕針灸，也可以自己在這些有問題的穴位下針。一般來說，在穴位酸痛減輕的同時，疾病的症狀也會同時減輕或消失。

　　即使不知道任何專業的時間醫學理論，也能透過簡單的合穴檢查，判斷並治療與時間有關的疾病，大家不妨試試看。

　　有一點要注意的是：一定只能針對酸痛或出現硬結的穴位按摩，千萬不要覺得既然按摩這一側有效，另一側即使不酸痛的同穴位，也順便按按看，說不定也會有好處，於是也去按幾下。如果你是這麼想的，那就大錯特錯了！

　　與一般人的想像不同，中醫其實是一門精細的醫學，兩條對稱的同名經絡上的同名穴位，其功效常常有著很大的差異，是取左側、取右側，還是同時取兩側，需要用相關的中醫理論進行精心的計算，並不是憑想像就以為一樣的名字，就有相同的效果。甚至，與多數人的想像正相反，搞錯左右，有時會導致疾病加重。所以，在沒有精通中醫的時間醫學理論之前，大家只按那些酸痛的穴位就行，千萬不要畫蛇添足！

第八章

八脈交會穴

本書的宗旨，就是教會大家尋找疾病的原因，並且針對這些原因，找到較為簡便和實用的、減輕疾病的方法。在此基礎上，我也希望大家能學會一些不需要太多專業的醫學知識，以及處理更多疾病的方法。也因此才特地加入本篇，向大家介紹中醫針灸的一個重要流派：八法流注派。

　　穴位是中醫針灸的要素，但穴位實在太難掌握。我們人的全身有 360 個穴位，一般人要記住它們恐怕有點望塵莫及的感覺，更別說應用了。可是八法流注派將 360 個穴位經過歸統，集中在八個穴位上；僅僅八個穴位，就能處理許多疾病。

1.了解八穴，治病預防效果加倍

　　要詳細講述一個專業的醫學針灸流派，從起源到原理等，需要許多的筆墨，而且大家沒有醫學方面紮實的基礎，也不容易懂。所以，我只摘出與大家關係最密切的治療部分，其他部份先予以割愛。

　　八法流注醫學流派所使用的八個穴位，又被稱為「八脈交會穴」。所謂八脈，是指任脈、督脈、衝脈、帶脈、陰維脈、陽維脈、陰蹺脈、陽蹺脈，通常統稱為「奇經八脈」。它們具有統帥和調整十二經脈氣血的作用。在四肢部位，十二正經有八個穴位與奇經八脈相通，通稱之為八脈交會穴，這些穴位分別是：後溪、足臨泣、公孫、照海、列缺、申脈、外關、內關。

　　本章我們就簡要的介紹這八個穴位，相信對於治病防病都有很大的幫助。

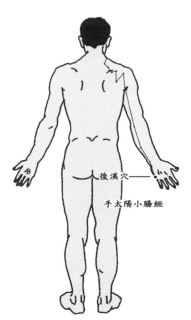

後溪穴——

手太陽小腸經

·後溪穴

　　定位：在手掌尺側，微握拳，當第五掌指關節後的遠側掌橫紋頭赤白肉際處。

　　後溪穴位於手太陽小腸經之上，通於督脈。

　　八法流注使用後溪穴的歌訣為：

手足攣急戰掉，中風不語癲癇，
頭疼眼腫淚連連，腿膝背腰痛遍。
項強傷寒不解，牙齒腮腫喉咽，
手麻足麻破傷牽，盜汗後溪先砭。

・足臨泣穴

定位：在足背外側，當足第四跖
趾關節的後方，小趾伸肌腱的外側凹陷
處。

足臨泣穴位於足少陽膽經之上，通
於帶脈。

八法流注使用足臨泣穴的歌訣為：
手足中風不舉，痛麻發熱拘攣，
頭風痛腫項連腮，眼腫赤疼頭旋。
齒痛耳聾咽腫，浮風瘙癢筋牽，
腿疼脅脹肋肢偏，臨泣針時有驗。

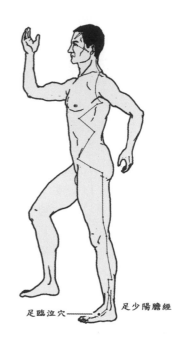

足臨泣穴　　足少陽膽經

・公孫穴

定位：在足內側緣，當第 1 蹠骨基
底的前下方。

公孫穴位於足太陰脾經之上，通於
衝脈。

八法流注使用公孫穴的歌訣為：
九種心疼延悶，結胸翻胃難停，

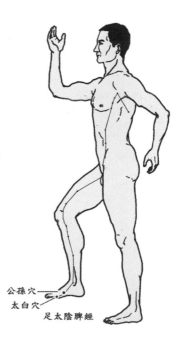

公孫穴
太白穴
足太陰脾經

酒食積聚胃腸鳴，水食氣疾膈病。
臍痛腹疼脅脹，腸風瘧疾心疼，
胎衣不下血迷心，洩瀉公孫立應。

‧照海穴

定位：在足內側，內踝尖下方凹陷
處。
照海穴位於足少陰腎經之上，通於
陰蹻脈。

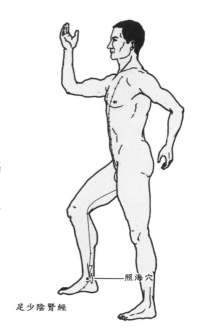

八法流注使用照海穴的歌訣為：
喉塞小便淋澀，膀胱氣痛腸鳴，
食黃酒積腹臍並，嘔瀉胃翻便緊。
難產昏迷積塊，腸風下血常頻，
膈中快氣氣核侵，照海有功必定。

‧列缺穴

定位：在前臂橈側緣，橈骨莖突上
方，腕橫紋上 1.5 寸（一寸約為 3.3 公
分），當肱橈肌與拇長展肌腱之間。
列缺穴位於手太陰肺經之上，通於
任脈。

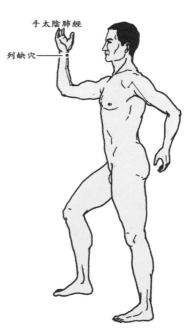

八法流注使用列缺穴的歌訣為：
痔瘧便腫洩痢，唾紅溺血咳痰，
牙疼喉腫小便難，心胸腹疼噎咽。

產後發強不語，腰痛血痢臍寒，
死胎不下膈中寒，列缺乳痛多散。

·申脈穴

定位：在足外側部，外踝直下方凹陷中。

申脈穴位於足太陽膀胱經之上，通於陽蹻脈。

八法流注使用申脈穴的歌訣為：
腰背屈強腿腫，惡風自汗頭疼，
雷頭赤目痛眉稜，手足麻攣臂冷。
吹乳耳聾鼻衄，癇癲肢節煩憎，
遍身腫滿汗關淋，申脈先針有應。

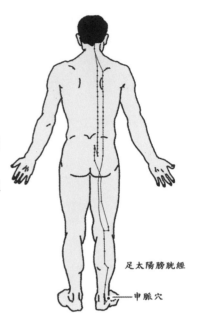

足太陽膀胱經

申脈穴

·外關穴

定位：在前臂背側，當陽池與肘尖的連線上，腕背橫紋上 2 寸，尺骨與橈骨之間。

外關穴位於手少陽三焦經之上，通於陽維脈。

八法流注使用外關穴的歌訣為：
肢節腫疼膝冷，四肢不遂頭風，
背胯內外骨筋攻，頭項眉稜皆痛。
手足熱麻盜汗，破傷眼腫睛紅，

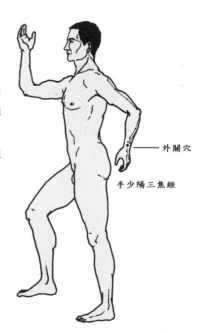

外關穴

手少陽三焦經

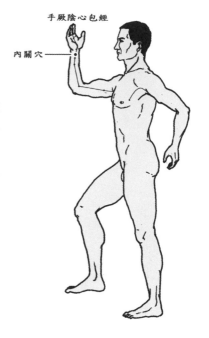

傷寒自汗表烘烘，獨會外關為重。

· 內關穴

定位：在前臂掌側，當曲澤與大陵的連線上，腕橫紋上 2 寸，掌長肌腱與橈側腕屈肌腱之間。

內關穴位於手厥陰心包經之上，通於陰維脈。

八法流注使用內關穴的歌訣為：
中滿心胸痞脹，腸鳴洩瀉脫肛，
食難下膈酒來傷，積塊堅橫脅搶。
婦女脅疼心痛，結胸裡急難當，
傷寒不解結胸膛，瘧疾內關獨擋。

2. 八穴治病對照表

上述穴位其實也屬於時間醫學取穴的方法，針灸的醫生使用，是要經過專門的時間推算的。然而，即使不在推算的時間，就是平時使用，也會有一定的效果。所以，大家平時使用時，只管對照要解決的疾病，看看屬於哪個穴位的主治範圍就可以了。為了方便大家使用，我把上述歌訣的內容用現代語加以翻譯，並列了一張表格，請大家對照參考。

後溪穴	手顫抖、腳抖動、中風、癲癇、頭疼、眼睛腫、眼淚多、腿疼、腰疼、背痛、膝蓋疼、項僵硬、牙齒腫、腮腫、咽喉腫、手麻、腳麻、破傷風	列缺穴	痔瘡、瘰疾、腹瀉、痢疾、吐血、尿血、咳痰、牙疼、咽喉腫、小便難、心胸疼、肚子疼、噎著、產後不語、腰痛、痢疾有血、肚臍冷、死胎不下
足臨泣穴	中風偏癱、手足痛麻、頭風、項腫、腮腫、眼腫、眼紅、眼疼、頭暈、牙齒痛、耳聾、咽喉腫痛、搔癢、抽筋、腿疼	申脈穴	腰背僵硬、腿腫、惡風自汗、頭疼、眼睛紅、眉棱骨痛、手足麻、手臂冷、乳痛、耳朵聾、鼻腔出血、癲癇、渾身腫
公孫穴	胸口悶疼、反胃、酒食積聚、胃腸鳴響、肚臍痛、肚子痛、羊水栓塞、脅脹、腹瀉、瘰疾	外關穴	膝蓋腫痛、頭頸痛、眉棱骨痛、手足麻、手足熱、盜汗、眼睛紅腫、傷寒自汗表皮熱
照海穴	咽喉堵塞、小便不暢、酒食積聚、嘔吐、腹瀉、反胃、難產、昏迷	內關穴	胸悶、腹瀉、脫肛、酒後食難下咽、脅部積塊、脅疼、心痛

找到要用的穴位後，可以用手揉按，用小保健錘敲，也可以用針灸針扎。另外可以準備品質好一些的參片，直接把參片貼在這些穴位，然後用醫用膠布固定。

第九章

外感疾病自療

外感，是一個中醫名詞，簡單來說就是外部感染的病。從尋找病因的角度來說，外感導致的疾病判斷起來比較容易。比如說，出門在外不幸淋雨，回家後就覺得頭重頭痛，大家本能地就會知道是淋雨導致的。又比如說，出門散步走到高處，遇一陣大風吹來，立即感覺耳朵閉塞，我們也本能地就知道是風導致的問題。諸如此類，外感作為病因，不用提示大家都會去找。所以，在這一篇中，找病因不是我們闡述的重點。這一篇要敘述的是「大家容易忽視的外感疾病」，並且給大家提供一些常用治療法，裡面有些中醫基礎知識，請大家閱讀時注意「消化」。

對於外感，大家最熟悉的莫過於風和寒。風四季常在，在吹風後生病，就是傷風了。中醫裡常稱這種情況為風邪外襲。寒，在過去沒有空調冰箱的年代，最主要發生在深秋、冬天和初春，那時候天氣寒冷，人的衣著卻少，所以寒氣容易透過肌膚，深入到人體內部去。現代由於空調冰箱的普及，一年四季都會遇到寒氣，因此有受寒的可能。受寒了，中醫裡一般稱為寒邪外襲。

在自然界，除了四季常見的風和冬天的寒，其他季節都有各自的獨特特徵。比方說，春天氣候和煦，微風吹拂；黃梅天和三伏天過後的長夏雨季，天上地下到處都溼漉漉；夏季酷暑難當；秋高氣爽，秋天的天氣又偏於乾燥。我們說，四季的風能讓人生病，冬天的寒冷能讓人生病，這其他季節的氣候，當然也一樣會讓人生病。所以，除了風和寒外，外感還包括春天的微風讓人導致的疾病，溼熱的天氣讓人導致的疾病，炎熱的天氣讓人導致的疾病，秋天的乾燥氣候讓人導致的疾病。這些讓人生病的氣候，中醫照例又

認為是這氣候的氣侵犯了人體，所以簡稱它們為風、寒、暑、溼、燥、火。因為它們讓人生病，所以被當作邪氣，通常稱為風邪、寒邪、暑邪、溼邪、燥邪、火邪。

由於人在這些自然氣候中生活，所以，隨季節的不同，很容易產生各種外感的疾病。人在感受某種外感後，隨著個人體質的差異，這些外邪所侵入的經絡、臟腑並不相同，所以，出現的症狀也千奇百怪。病情輕淺的還容易處理，；要是病情重一些，就會變得相當棘手。需要說明一下的是，我們下面介紹的方法，對付的都是比較輕的外感疾病，如果病情嚴重，就要去醫院請專業的醫生處理才行。對外感類的疾病，選擇看中醫會更好，因為在幾千年的時間裡，中醫積累了治療各種外感疾病的豐富經驗。

1. 風

在中醫所說的各種外邪中，風邪最為常見，所以就從風邪開始說起。

自然界，四季有風。

在中醫理論裡，認為風具有下面的特性：

(1) 風性開洩，易襲陽位。

(2) 風性善行而數變。

(3) 風為百病之長。

單獨看這些專業術語，理解起來會有點困難。然而，再專業的術語也是從現實中來的，描述的也是我們大家都能理解的意思。所以，我們不必從文字的角度去理解，可以設法從自然現象去理解。

在自然界，人體暴露在種種的氣候環境中，如果沒有體表的皮毛保護，外界的氣候就會立即侵入人體深處。所以皮毛的保護能力，對於防護人體遭受外來的侵襲很重要。對於風、寒、暑、溼、燥、火來說，風最容易破壞人體皮毛的防護能力，侵犯人體、使人生病。

皮毛本來是緻密的，這樣才能起到防範外來侵襲的效果，但風會破壞皮毛的這種緻密性，所以，風的特性被描述成「風性開洩」。「開洩」就是指風會破壞皮毛的緻密性，使皮毛開放；皮毛開放，人體正常的皮下的氣和津液便會外洩。至於說「易襲陽位」，指的是風最容易侵犯人體的外表、頭部，這些部位在人體陰陽的劃分裡都屬於陽的部位，簡稱為陽位。

自然界的風是無孔不入的，也是不停變動的，從不靜止；一旦靜止，風也就消失了。風邪侵犯人體以後，只要沒有阻礙，在人體內當然也是無孔不鑽、變動不止。因此，隨各人當

時體質的不同，會出現種種差異極大的症狀。因此說，「風性善行而數變」。

如果沒有風先破壞負責保護人體的皮毛，其他種種外邪要侵入人體，其實並不容易。但倘若風先破壞了皮毛，其他的外邪就可以長驅直入了。所以，風其實是其他外邪的開路者，所以稱「風為百病之長」。

所以，說到底，最根本的就是：風會破壞人體負責防護的皮毛，使得不僅風自身，連其他外邪也會乘虛而入，致使人體生各種各樣的疾病。

傷風後，一般常出現怎樣的症狀呢？

頭痛、出汗、惡風、發熱、皮膚瘙癢、蕁麻疹、打噴嚏、鼻塞等等。

因為各人體質不同，所以，不同的人傷風後出現的症狀，有時有著巨大的差異。有些症狀看上去甚至與傷風好像沒多大關聯，我們來看幾個例子。

·傷風導致失眠

一年輕人，曾經連續失眠四年，後來治癒。可是，僅僅一個多月後，突然連續兩天晚上再度失眠，眼睜睜一夜到天亮，這使他非常恐慌。

任何疾病都有原因，詳細詢問他再度失眠前的各種情形，得知那晚前他打完籃球後洗澡，又對著電風扇吹。

我判斷是洗澡後吹電風扇再度導致了他的失眠。給他一劑桂枝湯，當晚他一夜睡到天亮，以後也夜夜好眠。

關於桂枝湯，我們之後會一再提到，所以放到後面集中說明。

傷風為什麼會導致失眠？

這是因為風性開洩，導致人體汗出。在中醫理論裡，「汗

為心之液」，出汗多了，人心的陰液受損，相對來說，心火便偏於亢盛。心火偏亢，自然導致失眠。

傷風導致的失眠，處理的方法自然是：袪風。

袪除風邪後，人體不再出汗，心液不再進一步耗損，人體會自然調整過來。所以，一劑袪風的桂枝湯服用後，他的失眠完全恢復了正常。

需要說明的是，他這次傷風，除了出汗，再沒有別的症狀。因為是夏天，出汗很正常，所以，他完全沒有疑心是吹風引起的。也許，他以前連續四年的失眠，最初也是吹風引起的，只是當時沒有得到及時的治療，所以致使一病四年，體質大為受損。

·傷風導致脈管炎

一中年女上班族，先是發熱，後來皮膚出斑，被某醫院懷疑為紅斑性狼瘡，每日服用強的松治療。後來去上海某大醫院求治，推翻紅斑性狼瘡的結論，確診為脈管炎，仍然每日服用強的松。然而，在服用強的松期間，她仍低燒不退，體溫長期維持在 37.4℃，持續半年。我卻懷疑她屬於體質弱、長期感冒，給予桂枝湯三劑。三劑藥後，熱度完全退去，後經進一步調理，幾個月後完全治癒。

傷風竟然會導致這樣的誤診出現？嚴格上來說，她這種情況還算是傷風出現的正常症狀，如發燒、皮膚發斑等。雖然從西醫的角度去看，確實有可能是紅斑性狼瘡或脈管炎，但在中醫裡，就是很普通的傷風而已。也因為她的病根是傷風，所以三劑桂枝湯就解除了她的症狀，接下來的調理是因為她發燒半年，體質受損。

‧傷風導致幼兒高燒

一個兩歲半的小女孩，一直身體不錯。某天家長給她洗澡時，竟然同時開著電風扇，結果導致高燒39℃。她也是沒有別的症狀，連出汗也沒有，就是發燒，外加無精打采。

開著電風扇洗澡，自然是傷風的原因了，也給她桂枝湯兩劑。服用一劑後熱度就退去，後來也未復發。

小孩子的疾病，十有八九是家長未注意一些細節造成的，所以，遇小孩子傷風感冒，更要好好找出原因，以後避免。說來讓人歎息，我見過許多小兒，之所以經常生病，竟然是因為家長養護不當造成的。

‧傷風導致耳聾

一中年男子某日傍晚喝了點酒，在鐵路邊行走，一輛呼嘯的火車從邊上開過，掀起一陣風，就此導致了他一側耳朵彷彿塞了東西，耳中鳴響，造成耳聾。多年到處求醫，未見效果，有西醫醫生告訴他聽覺神經受損了。

還有一中年女子，傍晚散步，走在一座高高的橋上，遇一陣風吹過，就此一隻耳朵聾了，有醫生診斷後也認為是聽覺神經的問題，要她配助聽器。

因為傷風導致耳朵聾的情況並不少見。只是，因為沒有鼻塞、流涕、打噴嚏等感冒症狀，所以常常被人忽略，以為是聽覺神經或其他問題，沒發覺是傷風。

◆藥博士開方

(1) 傷寒第一要方──桂枝湯

桂枝湯，是中醫主要醫學流派傷寒派的第一要方。就這「第一要方」幾個字，你就知道這處方有多麼重要，能治療多少疾病了。

桂枝湯藥物組成：桂枝、芍藥、甘草、生薑、大棗

如果要看中醫關於桂枝湯的專業介紹，請大家看《傷寒論》或《方劑學》等。這裡先從另外的角度來探討。

這個處方，我每次使用，只用桂枝、芍藥、甘草三味，而把生薑、大棗都去掉。用量也通常是桂枝 10 克，白芍 10 克，甘草 10 克，成人量，小孩減半。

這個處方的主要藥物是：桂枝。

桂枝，就是桂樹的枝條。桂樹有一個很獨特的特性，有它生長的地方，別的樹木和雜草是很難生存的。把桂樹削成一根小小的木頭釘子，釘入其它品種的大樹，便會導致其他大樹死亡。古代的房屋牆壁不是泥土就是磚牆，磚牆縫還是用泥土糊的，所以很容易長出草，過一段時間便需清除。懂中藥的，便利用桂的這種特性，把桂枝搗成碎屑撒在牆壁上，一勞永逸，再也沒草長出來。

但凡樹木、小草，其實都具有一些內在的共同特性；這種特性，與風的特性相同，所以在《易經》裡被同歸於巽卦。桂樹的周圍容不得別的草木生長，說明桂樹具有祛風的功效。

桂枝湯的主藥為桂枝，所以能去除一切外來的風邪。前面說過，「風為百病之長」，四季都有，因為傷風而生病的人尤多，而且症狀各異；也因此，桂枝湯能夠治療的疾病頗多，用得很多，自然就成了傷寒派的第一要方。

　　雖然桂枝湯是正宗的中醫處方，然而使用起來倒也沒必要太拘謹，本方最主要的藥物就是桂枝，所以，病情較輕時，例如只是鼻塞流涕等，單獨用桂枝也未嘗不可，甚至用點桂皮也行。

　　某次一個小孩傷風鼻塞三天後，我先讓他按摩左側的魚際穴，按摩後鼻塞緩解；然後，讓他用大米熬米粥，調入一點點的桂皮，然後取米湯服用，也順利痊癒。其實，就是不喝米湯，取點桂皮放鼻子裡聞聞也有效果。

⑵養生建議：增強體質，防範風邪

　　要防止傷風，有兩點需要注意，一個是在出汗或洗澡時，一定要注意避免被風吹到。原因是洗澡時用熱水，是最容易使皮毛疏鬆的。在皮毛疏鬆時，竟然被風吹到，就彷彿自己打開大門引賊入室。出汗的時候也是如此，出汗代表皮毛已經疏鬆，抵禦外邪的能力減弱，容易被風入侵，因此不能夠吹風。這種生活上的細節不注意，再強壯的體質也會導致傷風。

　　要防止傷風的另一方法便是：增強自己的體質。

　　在一切正常的情況下，兩個人同時遭風吹，一個傷風，一個卻很健康，不是因為別的，就是因為兩個人的體質有差異。皮毛本來緻密的人，容易抵禦風邪的入侵；皮毛本就疏鬆的人，就容易被風所傷。所以，預防傷風，就得增強皮毛的緻密性。「肺主皮毛」，也就是說，要注意補益肺氣。補益肺氣的方法沒什麼特殊，吃足主食就夠了。所以，吃足主食，便能夠消除沒來由常常傷風的情形。

2. 寒

　　自然界，漫長的冬天很寒冷；但在現代，四季皆有受寒的可能。

　　在中醫理論裡，認為寒具有下面的特性：

　　(1) 寒為陰邪，易傷陽氣。

　　(2) 寒性凝滯。

　　(3) 寒性受引。

　　與風的特性一樣，我們可以從自然界的角度來揣摩猜想。

　　人體遭受寒冷，第一感覺就是冷；既然感覺冷，就是陽氣不夠了。能夠導致陽氣不夠的，絕不會是陽邪，一定是陰邪，所以說，「寒為陰邪，易傷陽氣」。

　　天寒地凍，河流結冰，傷人之時，恐怕也是如此。所以說，「寒性凝滯」。

　　人體受寒之時，倘若身體健康，寒氣停留在體表，很容易凍得汗毛立起，像起雞皮疙瘩一樣，所以「寒性受引」。人體受寒後出現的肢體屈伸不利的情況，也是因為寒氣使人體的經脈拘急收引導致。

　　由於人體的皮毛具有抵禦外邪入侵的一定能力，所以單獨的寒邪並不容易侵入內部；但由於四季有風，所以，寒邪常常隨著風邪一起入侵，導致人生病。

　　風氣、寒氣同時入侵人體，可絕對不是一件能夠小看的事。前面提過，中醫最主要的一大醫學流派傷寒派，便是主要對付這風和寒導致的疾病的。整整一個流派，延續千年，無數的中醫大師花費無數精力探求風和寒導致的疾病，及其治療方法。單看這一點，風和寒導致的疾病就絕對不能小覷。事實上，它們常會導致人生重病，甚至死亡。所以，一旦受寒後高

燒不退或感覺很嚴重，就要立即去醫院請專業的醫生治療。我在下面所介紹的方法，只是對付病情輕淺的普通風寒感冒。

寒邪所導致的疾病，常見症狀是：

惡寒、發熱、脘腹冷痛、嘔吐、腹瀉、精神萎靡、無汗、頭痛身痛、關節痛等。

由於寒邪常常伴隨風邪一起侵犯人體，也由於各人的體質有明顯的差異，所以，寒邪導致的人體症狀也是各種各樣，難以盡述。傷寒派為了辨別寒邪侵入人體後所在的部位，專門有六經辯證，並給出寒邪在不同部位的用藥方法。如果大家有興趣，可以去看《傷寒論》及種種簡直可以形容為浩瀚無垠的研究文章。我們下面介紹的只是病情較輕時的家庭治療方法。

◆欒博士開方

(1)神仙粥方

用糯米約半合，生薑五大片，水二碗，於砂鍋內滾一二次，次入帶鬚大蔥白五七個，煮至米熟，再加米醋半小盞入內和勻，取起，趁熱吃粥，或只吃粥湯亦可，即於無風處睡之，出汗為度。

此方出自明朝李詡《戒庵老人漫筆》第三卷。

由於糯米、米醋都為溫性的食品，生薑、蔥白本來就容易發汗，所以，合起來用於治療病情較輕的風寒感冒，療效應該不錯。作者在介紹這處方時還說，「屢用屢驗，不可以易而忽之」。

需要說明的是，糯米黏膩，不容易消化，所以，上述處方若是用於脾胃消化不好或小孩身上，最好改為大米，而且，只吃上面的米湯。大蔥的蔥白也可以用全根帶鬚的小蔥代替，即用下面的方法：

大米、生薑、小蔥、醋。

大米就是我們平常煮飯用的米，生薑用三片，小蔥就用菜市場裡買的，不去根鬚，全根洗乾淨，一般也用 3 根。上述三樣，先放鍋裡煮成粥，不需要砂鍋，普通煮粥的鍋都行。粥好後，兌入 20 毫升左右食用醋，香醋、陳醋都行，然後，取粥上面的米湯一碗，趁熱喝下，最後蓋被睡覺，等待出汗。只要是普通的風寒感冒，出汗後症狀隨即就會緩解。如果出汗後症狀不解，就不是普通的風寒感冒，不得再用這個方法，需要另想別的辦法。

⑵外關穴針灸

感受風邪寒邪，如果體質向來不弱，還可用針灸。

外關穴，我們在前面的《八脈交會穴》一章中已簡略介紹過，是手少陽三焦經的絡穴。名為「外關」，顧名思義，可以使三焦經的經氣分佈於人的體表。三焦經是少陽經，裡面運行的氣是少陽相火。少陽相火其實就相當於三伏天那樣的炎熱。所以，把這炎熱的少陽相火通過外關穴調向人體的體表，剛好就能驅除外感寒、溼導致的感冒。

古人早就發現外關穴能治療一切風、寒、溼所導致的感冒，效果真的不錯，大家可以試試看。

現在有一種說法：體內有藥庫，針灸等就是把體內的藥庫釋放出來。看看上述的例子，好像確實有點這個意思。但事實上，所謂的「藥庫」其實是人體經絡中的正氣。只有在人體質尚可，經絡中的氣還算充足的條件下，針灸才能把經絡中的正氣激發出來，用於驅除侵入人體的外邪。

倘若經絡中本就經氣不足，任你怎麼用針灸刺激，人體是理也不理你的。針灸「外關穴」調動三焦經中的少陽相火來驅除寒氣、溼氣也是如此。所以，需要再次強調一下，

用這針灸外關穴的方法驅除寒、溼，首先要判斷人的體質，平時身體健康的人用了才有效；平時身體較差的，用了不僅無效，還可能生出別的症狀，所以不能使用。不僅外關穴，體質較差的人，無論什麼疾病都不建議用處理穴位的方法治療。這是使用穴位治病的一個最基本原則。

體質較差的人感冒了，比較建議使用上面的神仙粥方。另外，也可以用參鬚。只是，要用於驅寒治療感冒，參鬚的要求比較高，一般要用生長十年左右的整根人參參鬚效果才好。倘若有這樣的參鬚，每次取 5 公分長的一截就夠了，直接咀嚼後嚥下。

關於普通的傷風受寒導致的感冒，在後面的〈穴位敷藥巧治病〉這篇裡，也會介紹一些中醫外治的方法，例如吹空調受寒鼻塞怎麼治療等等，需要時，大家也可以去看看，找找有沒有更適合自己的療法。不過，再次強調一下，如果受寒後疾病較重，就要立即去醫院，我們這裡介紹的方法只能作為輔助。

3. 溼熱

在中醫理論裡，認為溼具有下列的特性：

(1) 溼為陰邪，易阻遏氣機，損傷陽氣。

(2) 溼性重濁。

(3) 溼性黏滯。

(4) 溼性趨下，易襲陰位。

在這裡，我們再次聽到陰邪的概念，所以，簡略地和大家說明一下中醫的陰和陽。其實，與很多人所描述的神秘理論或深奧的解釋相反，陰陽其實是再普通不過的屬性概念。

陰陽的概念，就本質屬性來說，與大小的概念並無差異。

一個普通的蘋果，與一粒普通的芝麻，當然是：蘋果大，芝麻小。

一張尋常的桌子，與一個普通的蘋果，當然是：桌子大，蘋果小。

所以，大與小這兩個概念，是人們用來描述物質某個方面的相對性。一般在兩個東西相比較時，才有明確的含義。當然，由於習慣，我們的腦子裡往往有一個約定俗成的對照物，所以即使沒有明確的比較，我們也往往會本能地認為桌子大於蘋果，蘋果大於芝麻。

陰陽的概念從本質上說，也是如此。他們的本質也只是對物質某一方面的特性做描述罷了。如同樣是黃色，明黃色與暗黃色相比，我們認為明亮的黃色屬陽，暗淡的黃色屬陰；鼻子和嘴巴相比較，我們認為鼻子在上面屬陽，嘴巴在下面屬陰。

當然，由於習慣，我們的腦子裡始終有一個約定俗成的對照物，所以即使沒有明確的比較，我們也往往會本能地認為：太陽很明亮溫暖，屬陽；月亮清冷，屬陰。也會認為，風向上吹，

不停地在動，所以屬陽；寒和溼，氣都向下走，所以屬陰。

因此，陰陽與大小，都說明了事物某方面相對的屬性，本質上是一樣的。如果非要說它們有什麼不同，可以說，陰陽的概念是在大小、明暗、上下、進出、正面、背面等等基礎上將物質特性做更高度的抽象思考，如此而已。沒有一些人說的那麼玄，更不能說掌握陰陽就通曉中醫了。

明白了陰陽的概念，對於上述溼的特性就不難理解。

「溼為陰邪」好理解，至於「易阻遏氣機，損傷陽氣」，大家只要想一下潮溼的天氣，空氣好像不流動的情況就是了。

「溼性重濁」指的是，溼氣，總是比清新的空氣來得更重，它的氣是向下走的。人體若是被溼邪侵襲了，也往往感覺到身體沉重，大便溏洩、小便渾濁等等。

「溼性黏滯」，既是溼氣，當然感覺黏滯了，侵入人體後所生疾病也是如此，如舌苔變厚及黏膩等。

「溼性趨下，易襲陰位」，溼氣重，氣向下走，當然常常侵犯人體下部，出現白帶多、痢疾等疾病。

像風和寒一樣，要判斷疾病是不是溼熱導致很容易，只要看看外面的天氣是不是溼熱，有沒有在這種天氣裡太久就行了；或者想一下有沒有洗頭後頭髮未乾就匆忙睡覺等。假如生病前有這種接觸溼熱的氣的情況，那麼絕大多數就是溼熱導致的疾病。只是，也像風和寒一樣，溼熱導致的疾病，倘若病情較輕，治療起來並不困難；假如病情比較重，那麼就比較麻煩。我們說，對付風寒所導致的疾病，中醫發展了一個傷寒流派，以張仲景先生的《傷寒論》為代表；對於這溼熱導致的疾病，中醫也幾乎發展了一個流派，或者說，為對付溼熱和暑邪、火邪，中醫也發展了一個非常重要的醫學流派，那就是溫病流派。對付溼熱，清朝薛生白先生著有著名的《溼熱條辨》，倘若大家有興趣的話，可以去研究一下。當然，跟大家提及這些，也只是希望告訴大家一個事實：溼熱導致的疾病，有的輕些，有的很重，治療也隨

病人的情況來定。想深入研究，大家可以看專業的醫學著作，我們這裡介紹的方法照例是針對病情比較輕的情況的。

◆欒博士開方

．銀花露

銀花就是金銀花，它是中醫經常用來清熱解毒的藥物。大家想，熱蒸發水，才能生溼熱，倘若把熱給瀉去，無熱來蒸發水分，這溼熱自會除掉。用清熱的金銀花來除溼，就是這個道理。把金銀花製成金銀花露，效果會更好。在中藥店裡，常常有製作好的金銀花露出售，如果覺得需要，大家可以買來喝，價格也很便宜，與一般飲料的價格差不多。

廣州的四五月間，雨水不斷，天氣尤為溼熱，我初次來時，因為不太適應，半天不到，便覺頭悶悶的，很難受，於是找一茶店，購買一瓶金銀花露，一口氣喝下，頭便立即恢復了清爽。

．薏苡仁

薏苡仁，又叫薏米或苡米或米仁、六谷，是乾貨店裡賣的一味尋常雜糧，也是中醫裡除溼效果頗好的傳統藥物。

薏苡仁，生於河邊、溪邊或陰溼的山谷中，夏天生長，秋末果實成熟時採收。大家想，夏天的河邊、溪邊或陰溼的山谷中會是怎樣的氣候？夏天天氣熱，這些地方又是水邊，所以，薏苡仁所生長的環境，是典型的溼熱型環境，能在溼熱的環境中生長，自然就具有良好的除溼熱功效，否則肯定活不了。

又是雜糧，又是藥物，又除溼熱，這薏苡仁當然是居家必備之選。

我的友人某次洗頭後感冒，頭悶悶的，感覺不舒服。於是，取薏苡仁二兩，煮水一碗讓她喝下。半天後便恢復

正常，神清氣爽。

·荷葉

　　除了薏苡仁，值得向大家推薦的，還有荷葉。荷葉在夏日的水面上蓬勃生長，盛夏的水面，大家可以想想那是怎樣地溼熱，荷葉長在這樣溼熱的環境中，自然也具有良好的除溼熱功效。

　　荷葉，在南方，是很常見的食材，不是直接吃，而是用它包糯米，裡面加兩塊雞肉，再拌點調料，就名為糯米雞，南方的人用它當早餐；把荷葉墊在小蒸籠的底部，上面放上大米，然後放籠上蒸熟，再配點菜和調料，便是荷葉蒸飯，清香撲鼻，南方的人也拿它當午晚飯。

　　荷葉也是很尋常的一味中藥，一般的中藥店都有出售。用來消除溼熱，大家沒必要搞成複雜的南方小吃，直接用水來煮，然後喝水就行了，隨個人的喜好，煮得濃點淡點都可以。當然，先煮些荷葉水，再用它煮粥煮飯也行。怎麼做，聽憑個人喜歡，並無一定規矩。

　　如果有溼熱的症狀，要注意不要吃燒烤的食品。飲食盡量清淡。

　　上面介紹的都是溼熱，在寒冷的冬天，有些地方也會經常下雨，以至於溼氣和寒氣共存，可稱為溼寒。這溼寒當然也會導致疾病。如果在冬天出去淋雨，以致溼寒導致疾病，那麼，可煮熱麵條一碗，裡面多放花椒，然後喝這湯看看能不能緩解；如果不能緩解，那麼去找中醫傷寒派的醫家，治療這種溼寒是他們的拿手好戲，因為他們擅長使用附子，而附子正是對付溼寒的要藥。在炎熱的夏天，吃太多冷飲，寒熱交雜，也會導致溼，這種溼介於溼熱和溼寒之間，很難判別究竟哪個多一點，這時可以用藿香正氣水或藿香正氣丸，一般中藥店都有出售。

4. 火

炎炎夏日，驕陽似火。

在這種下火一樣的天氣裡，不找個陰涼的地方待著，卻還在外面走動，中暑或者說被火邪侵襲就是必然的了。

在中醫理論裡，火邪致病具有下列特性：

⑴ 火為陽邪，其性炎上。

⑵ 火易耗氣傷津。

⑶ 火易生風動血。

⑷ 火易致腫瘍。

大家可以想像一下，點著的火苗，當然是向上的，也容易把周圍的水分給蒸發掉，這就是火性炎上，耗氣傷津了，對應於人體，則是病在上部，而且口渴乾燥等等。至於後兩條，是說遭到火邪侵犯後，人容易患出血和瘡瘍一類的毛病。

夏天最常見的疾病，是中暑，常見的症狀為：

⑴ 發熱、乏力、皮膚灼熱、頭暈、噁心、嘔吐、胸悶。

⑵ 煩躁不安、脈搏細速、血壓下降。

⑶ 重症病例有頭痛劇烈、昏厥、昏迷、痙攣。

要判斷中暑是容易的，在炎熱的氣候下活動，接著出現了上述的症狀，那便是中暑了。符合第一條的，屬於輕度的中暑；符合第二條的，就有點重了；符合第三條的，就很嚴重了。

◆欒博士開方

‧西瓜

別小看西瓜，它可被古代的名醫稱為「天然白虎湯」，它在炎熱的夏天成熟，卻含頗多水分，所以，制約夏天的火氣功效頗強，效果趕得上中醫清火的一個著名方劑「白虎湯」。

其實，即使不在夏天，其它的季節，如果因為過食燒烤或吃錯某些藥物等導致上火，那麼，西瓜也是很好的藥物。曾有一人，吃了酸棗仁等溫性的藥物後上火，五心煩熱。儘管是早春，還是建議她買西瓜來吃，也順利除掉了上火。當然，若不是夏天，又沒有上火，最好不要吃西瓜。

‧綠豆湯

綠豆是清熱解毒的好東西，是食物，也是中醫的藥物，能治療許多熱毒類的疾病。夏天天氣炎熱時，用綠豆加水煮些綠豆湯來喝，也是很不錯的選擇。

5. 燥

冬天寒，夏天火，黃梅天或夏天溼，秋天燥。

在中醫理論裡，認為燥具有下列的特性：

⑴燥性乾澀，易傷津液。

⑵燥易傷肺。

燥的這兩個特性容易理解，乾燥，自然傷人津液；肺屬於兌卦，是潤澤之臟，所以最怕燥來犯，也最容易被燥傷害。

與燥的特性相應，燥邪傷人所表現的症狀一般為：口乾鼻乾咽喉乾，皮膚乾燥，乾咳少痰等。尤其以咳嗽最為常見。

燥邪所導致的咳嗽，還需要進一步區分，如果雖是秋天，燥氣來臨，卻仍然很熱，這是溫燥；如果不是熱，而是覺得雖然燥，但還有涼，那麼就是涼燥。溫燥和涼燥治療的方法不一樣。

◆欒博士開方

■ 溫燥的治療，可以用下面的方法：

· 冰糖燉梨

把梨切成片，加點冰糖，然後放碗裡隔水蒸熟，便得到冰糖燉梨。不隔水蒸的話，直接加些水煮熟也行。

在上述的冰糖、梨裡，還可以加5克川貝母，不過，這樣就叫川貝燉梨了。

做好後喝水、吃梨，治療秋天溫燥的的皮膚乾、咽喉乾、鼻子乾、咳嗽等效果頗好。

　　這是一個中醫傳統的方法，也是一個在民間廣為流傳的方法。需要注意的是：對於大多數人來說，這個方法只適合秋天燥氣犯人的時候，其他季節是不能用的。不僅一般季節不能用，其他季節普通的感冒咳嗽，用了它會使得疾病遷延難癒。

　　我曾遇過多例在秋天以外的季節，尤其是春夏用冰糖燉梨治療咳嗽反導致病情加重的患者，所以在這裡提醒大家一聲。

‧涼拌蘿蔔絲

　　秋天是蘿蔔生長的季節，蘿蔔在燥氣的環境下生長，自然能夠有制約燥氣的效果。買些新鮮的蘿蔔回來，洗淨，連皮切成細絲，拌上適量食鹽，趁著新鮮當成配飯或喝粥用的小菜，除去溫燥所導致口乾、咽喉乾、鼻子乾和咳嗽的效果也不錯。

‧桑菊飲

　　桑菊飲是中醫溫病流派的一個著名方劑，用以治療溫燥的咳嗽，療效也不錯。這個處方的主藥是桑葉、菊花，除燥的效果較好。

　　桑菊飲在中藥店有現成的成藥出售，如果需要，大家直接去購買成藥來用，不需要自己煎服，所以，這裡不給大家提供藥方。

■ 涼燥的治療，可以用下面的方法：

‧煮蘿蔔水

　　新鮮蘿蔔帶皮切成塊，加清水一起煮，然後喝下。

·甜杏仁

　　與桑菊飲對應，中醫裡有一個專門用於治療涼燥的著名方劑：杏蘇散，其主要藥物是杏仁和紫蘇。這兩樣都是除涼燥的良藥，而且也是尋常的食材。

　　紫蘇在南方的菜市場裡常有出售，在中藥店裡當然也是一味尋常的中藥，極其便宜。甜杏仁在很多雜糧店裡都有賣，如果雜糧店沒有，那麼超市裡有那種製作好的當做零食出售的，通常都能找到。只是，比起紫蘇來，這杏仁要昂貴得多。

·杏蘇散

　　上面說過，杏蘇散是治療涼燥的著名方劑，只是與桑菊飲不同，目前中藥店裡好像沒有它的成藥出售。所以，這裡給大家介紹一下它的方子。

　　杏蘇散出自《溫病條辨》。

　　方劑組成：紫蘇葉、杏仁、半夏、茯苓、前胡、橘皮、苦桔梗、枳殼、甘草、生薑、大棗

　　通常成人的使用量為：紫蘇葉、杏仁、半夏、茯苓、前胡各 10 克，橘皮、苦桔梗、枳殼、甘草、生薑各 5 克，大棗就是現在常說的紅棗，用 3 個。

　　這個處方可以治療因燥引起的咳嗽、鼻塞、頭疼等。

■ 附：外感發燒的一個治療方法

　　藥物：紫蘇葉和紫蘇梗。

　　方法：取紫蘇葉和紫蘇梗各一兩，煮水一盆用於泡腳，泡到腳部微紅為止。

　　我的許多方法都是當時為了治療具體的疾病而想出來

的；在教導的過程中發現這方法可以推廣開來，於是，後來便變成通用的了。這紫蘇煮水泡腳退燒的方法也是如此。

2008 年的 9 月 4 日是戊子年辛酉月丁未日，一個三歲的小女孩發燒。原因可能是前一天（丙午日）晚上赤腳在小朋友家地板上玩得較久，受涼了的緣故。

9 月 4 日上午 10 點，看護她的奶奶發現她發燒，量體溫為 39℃，當時給予她小兒退熱的西藥和中成藥清開靈服用，服後溫度稍退，到晚上量為 38.8℃。她的爸爸下班回來，給她用生薑水泡腳，泡腳後溫度降至 37.7℃。可是，次日早晨，又升至 38.8℃，改用薏苡仁煮水泡腳，泡腳後溫度降至 37.2℃，仍給予清開靈沖劑，可是到了晚上，溫度再度升至 38.5℃。

發燒的同時，小孩不願意吃飯，人沒有精神，總要人抱著，無其他明顯症狀。

分析她開始發燒的時間，那天是未日。未，在六氣裡對應「太陰溼土」。她的發燒，是溼氣導致的。她的舌苔白厚膩，也證實了這一點。

「溼去如抽絲」，中醫裡向來認為，溼邪導致的疾病，病勢並不激烈，但卻很容易纏綿不癒。她的發燒是溼氣導致的，要迅速退熱有點難。

琢磨來琢磨去，紫蘇對於溼邪導致的發燒，也許效果會好。所有的發燒，都是人體少陽經絡經氣循行失常的緣故。紫蘇，色紫，能入少陽經絡；同時具有祛溼的功能，對於溼邪導致的發熱，理論上應該有效果。

剛好家裡備有紫蘇，家人隨即抓一大把紫蘇煮水，給她泡腳。同時煮蓮子水，給她服用大約 30 毫升。

在她的小腳泡得微微發紅後，她的熱度也順利退去，這回，體溫完全恢復正常。

　　任何疾病，在病情剛退的時候，都需要繼續注意飲食，最好要注意一週。這溼邪導致的疾病，對於飲食的要求更甚。可是，與絕大多數父母一樣，孩子的病剛好，就迫不及待地希望孩子多吃點，而且覺得什麼好就給小孩吃什麼。

　　於是，在熱度退去兩天後，她再度發燒，這回燒到38℃，且有點咳嗽，人也沒有精神。服藥一天，卻不見好轉，於是又用紫蘇水泡腳。這個紫蘇效果奇佳，當她的小腳泡到微紅，熱度隨即退光，咳嗽也好了。等腳泡完，連精神都恢復了，像平常一樣活潑好動。當然，之後她父母就特別注意飲食，她的病也沒再犯了。

　　不知道大家注意到沒有，上述案例中提到：「所有的發燒，都是人體少陽經絡經氣循行失常的緣故。紫蘇，色紫，能入少陽經絡」。由此，我們即可推論，這個方法不只可以用在溼氣導致的發燒，對其他類型的發燒——特別是外感導致的發燒，同樣很有效果；至少可以用來輔助治療。

　　紫蘇是常見的一種植物，功效類似生薑及蔥，性質溫和，對人體益處頗多，具有極佳的退燒功能。

第十章

穴位貼敷巧治病

28種疾病一貼見效！

受涼了，感冒了，這是最尋常的疾病，相信人人都得過。

這樣的感冒，你一般都怎麼處理的呢？

吃藥？這是大多數人的選擇，也許你也是。

食療？用生薑、小蔥、大米熬粥，取上面的米湯喝。

大量喝白開水？這是純正西醫提倡的方法，實踐的人頗多，不知道你是不是其中一個。

泡腳？這是民間流傳的方法，用熱騰騰的水把腳泡紅，身上隨著冒汗，感冒的症狀也會隨著緩解。

刮痧？把後背刮得滿是紅點或紫點，看著有點觸目驚心。

真可謂「條條大路通羅馬」，上述無論哪一種方法，對付普通的受寒感冒效果都不差。然而，既然都有良效，當然就可以比較一下，看哪個更好。

吃藥？藥都要花錢買，而且，還可能產生副作用。

食療？做起來太複雜，而且只喝米湯有點浪費。

大量喝白開水？本來就沒胃口，還要往胃裡灌水，不停跑廁所。

泡腳？水太熱了難以下腳，水不熱就催不了汗。

刮痧？弄得背上滿目瘡痍，還不知道什麼時候能好。

有沒有更方便的方法呢？使用簡單、價格便宜、療效更快速？

有！

在雪蓮花的葉片上摘下小小的一點，把它貼於手臂外側的兩個外關穴，再取一小段醫用膠布固定一下，這普通的受寒感冒便會迅速痊癒。

就一點點的雪蓮花，一小段的醫用膠布，體表的兩個穴位，既簡單又便宜，還絕對有效果。

這種方法便是中醫的穴位貼敷，又叫外治法。不僅對付普

通的受寒感冒有效，事實上，所有的疾病都可以使用這種中醫外治的療法。

注意：是所有的疾病！

在中醫的歷史上，曾出現過一個外治流派，開山祖師為吳尚先。吳尚先，名樽，又名安業，字師機，清朝嘉慶年間人，祖籍浙江錢塘，因避戰亂，寓居江蘇海陵。著有《理瀹駢文》，又名《外治醫說》。在這本書中，他詳細解釋了中醫外治療法的理論基礎，並且詳記他獨創的種種外治膏藥。大家如果有興趣的話，可以購買這本書詳細閱讀。

不用喝湯藥、不用吃藥片，不用扎銀針、不用打點滴；生病了，只要在身體某個穴位，挑一點點膏藥，往上面那麼一貼，疾病將瞬間緩解甚至治癒，這是多麼理想的治療方法啊。

當我初次見到《理瀹駢文》的時候，我被書中的理論、書，方法及思想給震撼住了。疾病本已經讓人痛苦，一般的治療更讓人苦上加苦，有這樣的一種療法，為什麼不把它推廣普及，並更深入地鑽研下去呢？

在中醫外治的路上，我也開始了自己的摸索。

應該說，這麼多年來，我還是取得了相當不錯的成績。為了避免針灸時扎針的痛苦，我模擬穴位起效的機理，創製了穴位膏；為了直接從穴位驅寒，我創製了太陽膏等等。除了這些特製的膏藥，我還進行了多次用藥物直接貼敷於穴位治療疾病的嘗試，比如上述的雪蓮花貼兩側外關穴，就屬於我的嘗試之一。今天，在這本書中，我要很開心地告訴大家，我多次試驗的結果證明：即使不把藥物熬成膏藥，只直接取一點點藥材貼於相關的穴位處，也常常可以收到幾乎難以相信的療效。

在接下來的內容裡，我會把自己的經驗和古代的經驗詳細介紹給大家。把一個人的快樂與另一個人分享，就變成了兩份快樂；與多人分享，就變成了多份快樂；醫學的經驗也是如此。

穴位貼敷法家庭準備：醫用膠布一卷；醫用脫脂紗布。

家庭常備藥材：白參片、白參鬚、雪蓮花、桂枝、乾薑、甘草、扁豆花、薏苡仁、生石膏、夏枯草、葵花籽、白芝麻、艾條。

上述藥材每樣各買 10 克放家中儲備即可，因為穴位貼敷每次用量極少，就是 10 克，也可以用很多次了。

購買時要注意，白參片要買東北出產的那種品質很好的，當然，價格也會比較貴；質量越好的參越貴。如果能買那種一整枝只有三五克，生長期為 10 年以上的參，然後請藥店切片，當然更好。參鬚也是如此。最好是買一根完整、含有長長參鬚、生長期 10 年以上的人參，這樣參片、參鬚就都有了。這種參一般幾百元一棵，可能會有點貴，但這一棵幾乎可以應付一家人兩三年的普通傷風、感冒、牙痛，按每次使用的量來計算，算是便宜的。

再購買一張中醫的人體穴位彩圖。因為要用到穴位，很多人不知道穴位怎麼找，所以需要這種彩圖。

有人可能會說，我又不懂那些穴位，找不準怎麼辦。如果是扎針，找不準穴位確實會影響療效，可是，我們現在是在穴位外貼藥物，如果怕不準，可以在圖上描繪的穴位大概位置，稍微多貼些藥物，就可以把穴位包圍在裡面，不用擔心會不準。

有了上面的準備，再看看我下面對於一些常見疾病所提供的穴位和藥物，不需要深入任何醫學領域，只要依樣畫葫蘆，自己就能處理一些常見的疾病。

1. 冷氣病

　　夏天吹冷氣，有人會咽喉痛，有人會出現口腔潰瘍，也有人會腹瀉等。此時可用如下方法。

　　取穴：右側神門穴。（穴位圖參見 138 頁左圖）

　　藥物：雪蓮花。

　　方法：摘一點點雪蓮花的葉子或花瓣，用手揉碎，直接貼於右側神門穴，再用醫用紗布和膠布固定，或直接用膠布固定。

2. 全身受寒導致鼻塞

　　取穴：左側外關穴（參見 190 頁）、左側俠溪穴。

　　藥物：雪蓮花。

　　方法：先用手揉左側外關穴和左側俠溪穴，按揉後如果鼻塞減輕，則摘一點點雪蓮花的葉子或花瓣，用手揉碎，直接貼於這兩個穴位，再用醫用紗布和膠布固定，或直接用膠布固定。如果按揉後未見鼻塞減輕，那麼此法也不會有效，另尋別的方法。

3. 頭部受寒導致鼻塞

　　取穴：兩側太陽穴。

　　藥物：雪蓮花。

　　方法：摘一點點雪蓮花的葉子或花瓣，用手揉碎，直接貼於兩側太陽

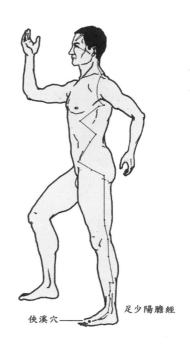

俠溪穴　　足少陽膽經

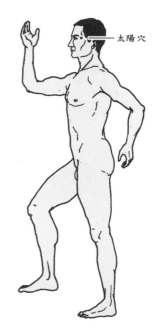

太陽穴

穴,再用醫用紗布和膠布固定,或直接用膠布固定。

4.腳部受寒

藥物:生薑半斤。

方法:把半斤生薑切片,多加水煮沸後調小火再煮大約 20 分鐘,然後,用這生薑水泡腳,泡至腳部發紅即可。

5.傷風鼻塞

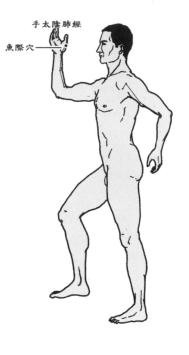

手太陰肺經

魚際穴

藥物:桂皮。

方法:先用手揉左側魚際穴,持續按揉 5 分鐘,如果鼻塞緩解,取一小塊桂皮外敷於此穴,外用醫用紗布和膠布固定。如果按揉無效那麼無需貼藥,另尋其他方法。

6.後背受寒或受寒後胃部冷

藥物:葵花籽。

方法:剝幾粒葵花籽仁,生熟均可,稍微壓碎,放於右手心中,外用醫用紗布和膠布固定。

7.牙痛(1)

藥物:雲南白藥膠囊。

方法:取一粒雲南白藥膠囊,倒出裡面的藥粉,直接塗在疼痛的牙齒處。

8. 牙痛 (2)

　　取穴：與疼痛的牙同側的合谷穴。合谷穴是手陽明大腸經的合穴，位於手背上，第一、二掌骨間，就是我們通常說的虎口。

　　藥物：白參片。

　　方法：先用手使勁掐揉與疼痛的牙同側的合谷穴，看牙疼是否立即緩解。如果緩解，再取一小片白參，搗碎，直接貼於此穴位，再用醫用紗布和膠布固定，或直接用膠布固定。

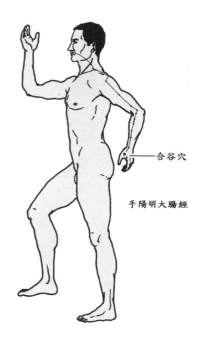

合谷穴

手陽明大腸經

9. 牙齒久痛

　　取穴：與疼痛牙齒同側的經渠穴。經渠穴是手太陰肺經的經穴，位於小手臂內側面，手腕橫紋上 1 寸。

　　藥物：大蒜。

　　方法：先用手按揉與牙齒同側的經渠穴，看疼痛是否有所緩解；如果有緩解，那麼用大蒜搗爛成蒜泥，外敷於這穴位，經一夜後，會起小皰，挑破這個小皰，牙痛會癒。如果按揉後牙痛沒有緩解，那麼此法無用，不要試驗。

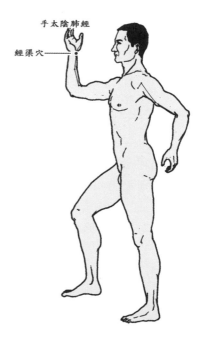

手太陰肺經

經渠穴

10. 怕冷

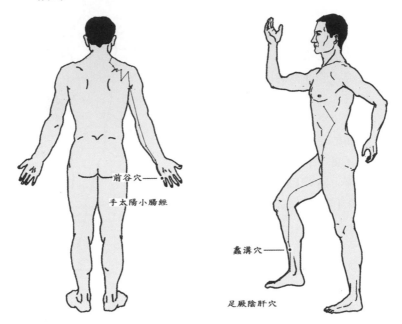

前谷穴

手太陽小腸經

蠡溝穴

足厥陰肝經

取穴：右側足竅陰穴（參見 138 頁）。足竅陰穴是足少陽膽經的井穴，位於足無名趾的指甲外側。

藥物：白參片。

方法：先用手揉按足竅陰穴，看怕冷症狀是否有所緩解。如果有緩解，那麼用白參片搗碎，貼於這個穴位，用醫用紗布和膠布固定。如果揉按此穴 5 分鐘後，怕冷症狀緩解不明顯，再揉左側前谷穴，看是否有效。若有效，在此穴也貼人參片，方法同上。如果這兩穴位效果均不夠良好，那麼，加用小保健錘敲左側曲泉穴（參見 148 頁）和左側蠡溝穴。

11. 頸椎病

取穴：兩側太淵穴（參見 152 頁）

藥物：白參片

方法：先把白參片搗碎，然後把它貼於兩側太淵穴，用醫用紗布和膠布固定。一般晚上睡前貼，早晨取下。

太淵穴是手太陰肺經的原穴，位於手腕橈側橈動脈搏動處，是治療頸椎病的要穴。如果此穴貼後覺得效果不好，那麼，是肺氣過於虧虛的緣故，需要多吃主食與雞湯，湯內加補氣的黃耆、黨參同燉，以補益肺氣。

12. 噁心泛酸

泛酸的機理與頸椎病相同，都是肺氣不足導致。所以，具體的治療方法和頸椎病也完全相同。請見上面說明。

13. 腰酸背痛

取穴：後溪穴（參見 187 頁）。後溪穴是手太陽小腸經上的穴位，位於手掌小指的外側，是治療在辦公桌前或電腦前坐久了肩背酸痛的要穴。

藥物：白參片

方法：先用一手按摩另一隻手的後溪穴，交換著按。兩側都按揉過後，用白參片搗碎外敷於這兩個穴位，用醫用紗布和膠布固定。

14. 運動後肌肉酸痛

取穴：兩側太白穴（參見 149 頁）。太白穴是足太陰脾經的原穴，位於腳內側高起的骨頭下，定位容易，是治療運動後肌肉酸痛或提重東西後局部肌肉酸痛的要穴。

藥物：白參片

方法：先用小保健錘敲兩側太白穴，然後用白參片搗碎外敷於穴位上，再用醫用紗布和膠布固定。

15. 暴飲暴食後胃脹

取穴：左側極泉穴（參見 106 頁）。極泉穴位於手少陰經心經之上，在腋窩深處，定位容易。它不僅能治療暴飲暴食後胃脹，而且對於雖然沒吃多少，仍然飯後胃脹的人也有療效。

藥物：白參片

方法：先用小保健錘敲擊此穴，連續地敲，敲後胃脹會有所緩解。然後用白參片搗碎外敷於穴位上，再用醫用紗布和膠布固定。

16. 吃錯東西後腹痛腹瀉

取穴：左側內關穴（參見 191 頁）。內關穴是手厥陰心包經的絡穴，在手腕橫紋上 2 寸，手臂內側中間，定位容易。

藥物：艾條。

方法：用艾條點著，對著這個穴位熏。注意距離，以溫熱為度，以防燙傷。也可以用溫和的灸法。這種灸法見附錄。

17. 頭暈

取穴：兩側三陰交（穴位圖參見 151 頁）。三陰交是足太陰脾經上面的穴位，在內踝上 3 寸。

藥物：白參。

方法：先用小保健錘敲擊兩側三陰交，持續 10 分鐘左右，若頭暈有緩解跡象，那麼用白參搗碎，外敷於這兩穴位，再用醫用紗布和膠布固定。若無緩解，不是本法適應證，速另尋他法。

18. 生氣後頭暈

取穴：兩側太衝穴（參見 114 頁）。

藥物：白參。

方法：生氣後人會產生許多不適，先用手揉兩側太衝穴，

持續 5 分鐘，然後用白參片搗碎，外敷於穴位，再用醫用紗布和醫用膠布固定。

19. 痛經

取穴：左側神門穴（參見 138 頁）。

藥物：艾條。

方法：痛經時先用手揉左側神門穴，持續揉按 5 分鐘左右，如果痛經緩解，那麼用艾條在這穴位做溫和的灸法。這種灸法見附錄。

20. 高血壓高壓高

取穴：兩側三陰交（參見 151 頁）。

方法：用小保健錘敲擊兩側三陰交，每天有空就做，沒有空閒至少抽半小時來做，注意敲擊力度，不要太大力，使穴位受傷。

21. 高血壓低壓高

取穴：兩側懸鍾穴。

方法：用小保健錘敲擊兩側懸鍾穴，每天有空就做，沒有空閒至少抽半小時來做，注意敲擊力度，不要太大力，使穴位受傷。

22. 眩暈

取穴：兩側膈俞穴。膈俞穴在足太陽膀胱經上，在後背肩胛骨的尖角附近。

藥物：白參。

方法：先用拳頭或小保健錘敲

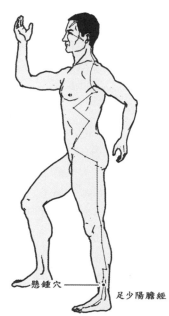

懸鍾穴

足少陽膽經

擊兩側膈俞穴，若眩暈解除，那麼用白參搗碎，外敷於這兩穴位，再用紗布和醫用膠布固定。若無緩解，不是本法適應症，速另尋他法。

23. 心跳過速

心跳過速的發病機理與眩暈的發病機理相同，所以，同樣可以取膈俞穴，操作方法也相同。具體方法請見上面。

24 受寒發汗法

取穴：兩手心。

藥物：雪蓮花。

方法：摘一小片雪蓮花，揉碎，握在兩手的手心，也可用膠布固定，可迅速發汗驅寒。一旦汗出，請立即取下，不得繼續留在手心。

25 溼氣重

取穴：左側陰陵泉。陰陵泉是足太陰脾經的合穴，在膝蓋內側下方，是袪溼的要穴。

藥物：白參。

方法：先用手按揉或用小保健錘敲擊左側陰陵泉，然後用白參搗碎外敷於此穴位，再用醫用紗布和

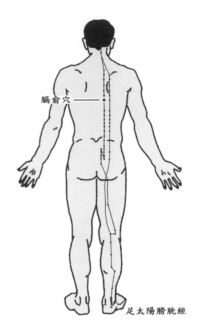

膈俞穴

足太陽膀胱經

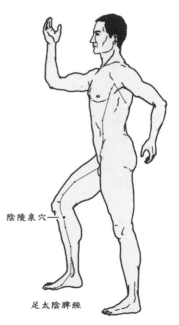

陰陵泉穴

足太陰脾經

膠布固定。

26. 痰多

取穴：右側豐隆穴。豐隆穴是
足陽明胃經的絡穴，在小腿外側，
大概中間位置，是祛痰的要穴。

藥物：甘草。

方法：先用手按揉或用小保健
錘敲擊右側豐隆穴，然後用甘草錘
扁錘碎外敷於此穴位，再用醫用紗
布和膠布固定。

27 新生兒臍炎

取穴：神闕穴（肚臍）。

藥物：雲南白藥膠囊。

方法：首先用棉簽蘸酒精把發
炎的肚臍清潔乾淨，然後取一粒雲
南白藥膠囊，拆開膠囊，把裡面的
藥粉倒入肚臍中，外用醫用紗布和
醫用膠布固定，24 小時換一次。

28. 自汗、盜汗、遺尿

取穴：神闕穴（肚臍）。

藥物：五倍子。

方法：打粉填肚臍中，外用醫
用紗布和膠布固定。每天用 12 小
時。

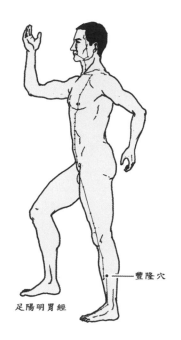

豐隆穴

足陽明胃經

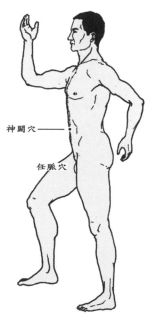

神闕穴

任脈穴

附錄

卦象查詢表

1. 《卦象查詢表》的起止年份在 1936 年 1 月 1 日至 2015 年 12 月 31 日，只要是在這個時間段範圍內出生的人，都可以從表中查到自己的卦象。

2. 《卦象查詢表》採用公曆紀年形式編排，也就是說，您需要確切知道自己的陽曆出生日期，然後才可以按照表格查詢。如果您的生日是陰曆的，那您要先使用萬年曆查一下，得出自己的陽曆生日，就可以繼續查詢了。

3. 表格中的「單」，代表每月之中奇數的日子，如 1 號、3 號、5 號、7 號、9 號、11 號等；「雙」代表每月之中偶數的日子，如 2 號、4 號、6 號、8 號、10 號、12 號等。

5. 翻到您自己的出生年份那一欄，您就可以查知自己的卦象了。

乾卦	坤卦	坎卦	離卦	震卦	艮卦	兌卦	巽卦
腦	脾	腎	膽	心	胃	肺	肝

　　乾卦體質的人，易患頭部疾病；
　　坤卦體質的人，易患脾系統疾病；
　　兌卦體質的人，易患肺部疾病；
　　艮卦體質的人，易患胃部疾病；
　　坎卦體質的人，易患腎系統疾病；
　　震卦體質的人，易患心系統疾病；
　　離卦體質的人，易患與膽有關的疾病；
　　巽卦體質的人，易患肝系統的疾病。

1936 年

月	日期	單	雙	月	日期	單	雙	月	日期	單	雙
1月	1~23	單兌	雙乾	5月	1~20	單艮	雙坤	9月	1~15	單坤	雙巽
	24~31	單坤	雙艮		21~31	單巽	雙坎		16~30	單坎	雙巽
2月	1~22	單艮	雙坤	6月	1~18	單坎	雙坤	10月	1~14	單坤	雙巽
	23~29	單巽	雙坎		19~30	單艮	雙坎		15~31	單艮	雙良
3月	1~22	單坎	雙艮	7月	1~17	單艮	雙坎	11月	1~13	單艮	雙良
	23~31	單坤	雙巽		18~31	單坎	雙巽		14~30	單巽	雙坎
4月	1~20	單艮	雙坤	8月	1~16	單巽	雙坎	12月	1~13	單巽	雙坎
	21~30	單艮	雙坤		17~31	單艮	雙坤		14~31	單艮	雙坤

1941 年

月	日期	單	雙	月	日期	單	雙	月	日期	單	雙
1月	1~26	單巽	雙坎	5月	1~25	單乾	雙兌	9月	1~20	單震	雙離
	27~31	單離	雙震		26~31	單離	雙震		21~30	單兌	雙乾
2月	1~25	單震	雙兌	6月	1~24	單震	雙兌	10月	1~19	單兌	雙乾
	26~28	單兌	雙乾		25~30	單震	雙乾		20~31	單震	雙兌
3月	1~27	單兌	雙乾	7月	1~23	單震	雙乾	11月	1~18	單離	雙震
	28~31	單震	雙離		24~31	單兌	雙乾		19~30	單乾	雙兌
4月	1~25	單離	雙震	8月	1~22	單乾	雙兌	12月	1~17	單乾	雙兌
	26~30	單乾	雙兌		23~31	單離	雙震		18~31	單離	雙震

1937 年

月	日期	單	雙	月	日期	單	雙	月	日期	單	雙
1月	1~12	單坤	雙艮	5月	1~9	單震	雙離	9月	1~4	單離	雙震
	13~31	單坎	雙巽		10~31	單兌	雙乾		5~30	單乾	雙兌
2月	1~10	單巽	雙坎	6月	1~8	單乾	雙兌	10月	1~3	單乾	雙兌
	11~28	單離	雙震		9~30	單離	雙震		4~31	單離	雙震
3月	1~12	單離	雙震	7月	1~7	單離	雙震	11月	1~2	單震	雙離
	13~31	單乾	雙兌		8~31	單乾	雙兌		3~30	單兌	雙乾
4月	1~10	單兌	雙乾	8月	1~5	單兌	雙乾	12月	1~2	單兌	雙乾
	11~30	單震	雙離		6~31	單震	雙離		3~31	單震	雙離

1942 年

月	日期	單	雙	月	日期	單	雙	月	日期	單	雙
1月	1~16	單震	雙離	5月	1~14	單坤	雙艮	9月	1~9	單艮	雙坤
	17~31	單兌	雙乾		15~31	單坎	雙巽		10~30	單巽	雙坎
2月	1~14	單乾	雙兌	6月	1~13	單巽	雙坎	10月	1~9	單巽	雙坎
	15~28	單艮	雙坤		14~30	單艮	雙坤		10~31	單艮	雙坤
3月	1~16	單艮	雙坤	7月	1~12	單艮	雙坤	11月	1~7	單坤	雙艮
	17~31	單坎	雙巽		13~31	單坎	雙巽		8~30	單坎	雙巽
4月	1~14	單坤	雙巽	8月	1~11	單坎	雙巽	12月	1~7	單巽	雙坎
	15~30	單坎	雙艮		12~31	單坤	雙艮		8~31	單坎	雙艮

1938 年

月	日期	單	雙	月	日期	單	雙	月	日期	單	雙
1月	1	離	31良	5月	1~28	單巽	雙坎	9月	1~23	單坤	雙良
	2~30	單乾	雙兌		29~31	單艮	雙坤		24~30	單坎	雙坤
2月	1~28	單坤	雙艮	6月	1~27	單坤	雙艮	10月	1~22	單坎	雙巽
					28~30	單坎	雙巽		23~31	單艮	雙坤
3月	1		坤	7月	1~26	單坎	雙巽	11月	1~21	單巽	雙坤
	2~31	單坎	雙巽		27~31	單艮	雙坤		22~30	單巽	雙坎
4月	1~29	單艮	雙坤	8月	1~24	單艮	雙坤	12月	1~21	單艮	雙坎
	30		坎		25~31	單坤	雙艮		22~31	單艮	雙坤

1943 年

月	日期	單	雙	月	日期	單	雙	月	日期	單	雙
1月	1~5	單艮	雙坤	5月	1~3	單離	雙震	9月	1~28	單兌	雙乾
	6~31	單巽	雙坎		4~31	單乾	雙兌		29~30	單震	雙離
2月	1~4	單巽	雙坎	6月	1~2	單兌	雙乾	10月	1~28	單震	雙離
	5~28	單離	雙震		3~30	單震	雙離		29~31	單兌	雙乾
3月	1~5	單震	雙離	7月	1		震	11月	1~26	單乾	雙兌
	6~31	單兌	雙乾		2~31	單兌	雙乾		27~30	單離	雙震
4月	1~4	單乾	雙兌	8月	1~30	單離	雙震	12月	1~26	單離	雙震
	5~30	單離	雙震		31		乾		27~31	單乾	雙兌

1939 年

月	日期	單	雙	月	日期	單	雙	月	日期	單	雙
1月	1~19	單坤	雙艮	5月	1~18	單離	雙震	9月	1~12	單離	雙震
	20~31	單坎	雙巽		19~31	單兌	雙乾		13~30	單乾	雙兌
2月	1~18	單巽	雙坎	6月	1~16	單乾	雙兌	10月	1~12	單乾	雙兌
	19~28	單離	雙震		17~30	單離	雙震		13~31	單離	雙震
3月	1~20	單離	雙震	7月	1~16	單離	雙震	11月	1~10	單震	雙離
	21~31	單乾	雙兌		17~31	單乾	雙兌		11~30	單兌	雙乾
4月	1~19	單兌	雙乾	8月	1~14	單兌	雙乾	12月	1~10	單兌	雙乾
	20~30	單震	雙離		15~31	單震	雙離		11~31	單震	雙離

1944 年

月	日期	單	雙	月	日期	單	雙	月	日期	單	雙
1月	1~24	單兌	雙乾	5月	1~21	單離	雙坎	9月	1~16	單坤	雙巽
	25~31	單坤	雙艮		22~31	單坤	雙坎		17~30	單坎	雙巽
2月	1~23	單艮	雙坤	6月	1~20	單坎	雙巽	10月	1~16	單坎	雙巽
	24~29	單坤	雙坎		21~30	單艮	雙良		17~31	單坤	雙良
3月	1~23	單坎	雙巽	7月	1~19	單坤	雙良	11月	1~15	單良	雙坤
	24~31	單艮	雙良		20~31	單坎	雙巽		16~30	單巽	雙坎
4月	1~22	單艮	雙坤	8月	1~18	單巽	雙坎	12月	1~14	單巽	雙坤
	23~30	單坤	雙坎		19~31	單艮	雙坤		15~31	單艮	雙坤

1940 年

月	日期	單	雙	月	日期	單	雙	月	日期	單	雙
1月	1~8	單離	雙震	5月	1~6	單坤	雙良	9月	1		良
	9~31	單乾	雙兌		7~31	單坎	雙巽		2~30	單巽	雙坎
2月	1~7	單兌	雙乾	6月	1~5	單巽	雙坎	10月	1~30	單良	雙坎
	8~29	單坤	雙良		6~30	單良	雙坤		31		巽
3月	1~8	單良	雙坤	7月	1~4	單良	雙坤	11月	1~28	單坎	雙巽
	9~31	單坎	雙巽		5~31	單坎	雙巽		29~30	單良	雙坤
4月	1~7	單坎	雙良	8月	1~3	單坎	雙巽	12月	1~28	單坤	雙良
	8~30	單坤	雙良		4~31	單坤	雙坎		29~31	單坎	雙巽

1945 年

月	日期	單	雙	月	日期	單	雙	月	日期	單	雙
1月	1~13	單坤	雙良	5月	1~11	單震	雙離	9月	1~5	單離	雙震
	14~31	單坎	雙巽		12~31	單兌	雙乾		6~30	單乾	雙兌
2月	1~12	單巽	雙坎	6月	1~9	單乾	雙兌	10月	1~5	單乾	雙兌
	13~28	單離	雙震		10~30	單離	雙震		6~31	單離	雙震
3月	1~13	單離	雙震	7月	1~8	單離	雙震	11月	1~4	單震	雙離
	14~31	單乾	雙兌		9~31	單乾	雙兌		5~30	單兌	雙乾
4月	1~11	單兌	雙乾	8月	1~7	單兌	雙乾	12月	1~4	單兌	雙乾
	12~30	單震	雙離		8~31	單離	雙震		5~31	單震	雙離

1946 年

月	日期	單	雙	日期	單	雙
1月	1~2	離	震	3~31	乾	兌
2月	1	兌		2~28	坤	艮
3月	1~3	坤	艮	4~31	坎	兌
4月	1	巽		2~30	艮	坤
5月	1~30	巽	坎	31	艮	
6月	1~28	坤	艮	29~30	坎	巽
7月	1~27	坤	巽	28~31	坤	艮
8月	1~26	艮	坤	27~31	巽	坎
9月	1~24	坎	兌	25~30	坤	艮
10月	1~24	坤	艮	25~31	坎	兌
11月	1~23	巽	坎	24~30	艮	坤
12月	1~22	艮	坤	23~31	巽	坎

1947 年

月	日期	單	雙	日期	單	雙
1月	1~21	坎	離	22~31	震	巽
2月	1~20	離	震	21~28	乾	兌
3月	1~22	乾	兌	23~31	乾	離
4月	1~20	兌	離	21~30	震	離
5月	1~19	震	離	20~31	兌	乾
6月	1~18	乾	兌	19~30	離	震
7月	1~17	離	震	18~31	乾	兌
8月	1~15	兌	乾	16~31	震	離
9月	1~14	離	震	15~30	乾	兌
10月	1~13	乾	兌	14~31	離	震
11月	1~12	震	離	13~30	兌	乾
12月	1~11	兌	乾	12~31	震	離

1948 年

月	日期	單	雙	日期	單	雙
1月	1~10	離	震	11~31	坤	艮
2月	1~9	兌	乾	10~29	坤	艮
3月	1~10	艮	坤	11~31	巽	坎
4月	1~8	坎	巽	9~30	坤	艮
5月	1~8	坤	艮	9~31	坎	巽
6月	1~6	巽	坎	7~30	艮	坤
7月	1~6	艮	坤	7~31	巽	坎
8月	1~4	坎	巽	5~31	坤	艮
9月	1~2	艮	坤	3~30	巽	坎
10月	1~2	巽	坎	3~31	艮	坤
11月	1~30	坎	巽			
12月	1~29	坤	艮	30~31	坎	巽

1949 年

月	日期	單	雙	日期	單	雙
1月	1~28	巽	坎	29~31	離	震
2月	1~27	震	離	28	乾	
3月	1~28	兌	乾	29~31	離	震
4月	1~27	離	震	28~30	乾	兌
5月	1~27	乾	兌	28~31	離	震
6月	1~25	震	離	26~30	乾	兌
7月	1~25	兌	乾	26~31	離	震
8月	1~23	離	震	24~31	乾	兌
9月	1~21	震	離	22~30	兌	乾
10月	1~21	兌	乾	22~31	離	震
11月	1~19	離	震	20~30	乾	兌
12月	1~19	乾	兌	20~31	離	震

1950 年

月	日期	單	雙	日期	單	雙
1月	1~17	震	離	18~31	兌	乾
2月	1~16	乾	兌	17~28	艮	坤
3月	1~17	艮	坤	18~31	巽	坎
4月	1~16	坎	巽	17~30	坤	艮
5月	1~16	坤	艮	17~31	坎	巽
6月	1~14	巽	坎	15~30	艮	坤
7月	1~14	艮	坤	15~31	巽	坎
8月	1~13	坎	巽	14~31	艮	坤
9月	1~11	艮	坤	12~30	巽	坎
10月	1~10	巽	坎	11~31	艮	坤
11月	1~9	坤	艮	10~30	坎	巽
12月	1~8	坎	巽	9~31	坤	艮

1951 年

月	日期	單	雙	日期	單	雙
1月	1~7	艮	震	8~31	巽	兌
2月	1~5	坎	兌	6~28	震	離
3月	1~7	震	離	8~31	坎	乾
4月	1~5	坎	兌	6~30	離	震
5月	1~5	離	震	6~31	坎	兌
6月	1~4	兌	乾	5~30	震	離
7月	1~3	震	乾	4~31	兌	乾
8月	1~2	乾	兌	3~31	離	震
9月	1~30	兌	乾			
10月	1~29	震	離	30~31	兌	乾
11月	1~28	乾	離	29~30	離	震
12月	1~27	離	震	28~31	乾	兌

1952 年

月	日期	單	雙	日期	單	雙
1月	1~26	兌	乾	27~31	坤	艮
2月	1~24	艮	坤	25~29	兌	乾
3月	1~25	坤	艮	26~31	艮	坤
4月	1~23	艮	坤	24~30	巽	坎
5月	1~23	巽	坎	24~31	艮	坤
6月	1~21	坤	艮	22~30	坤	艮
7月	1~21	坤	兌	22~31	坎	巽
8月	1~19	坎	巽	20~31	艮	坤
9月	1~18	坤	艮	19~30	坎	巽
10月	1~18	坎	巽	19~30	巽	艮
11月	1~16	艮	坤	17~30	巽	坎
12月	1~16	巽	坎	17~31	艮	坤

1953 年

月	日期	單	雙	日期	單	雙
1月	1~14	坤	艮	15~31	巽	坎
2月	1~13	巽	坎	14~28	離	震
3月	1~14	離	震	15~31	乾	兌
4月	1~13	兌	乾	14~30	震	離
5月	1~12	震	離	13~31	兌	乾
6月	1~10	乾	兌	11~30	離	震
7月	1~10	離	震	11~31	乾	兌
8月	1~9	兌	乾	10~31	震	離
9月	1~7	離	震	8~30	乾	兌
10月	1~7	乾	兌	8~31	離	震
11月	1~6	震	離	7~30	兌	乾
12月	1~5	兌	乾	6~31	震	離

1954 年

月	日期	單	雙	日期	單	雙
1月	1~4	離	震	5~31	乾	兌
2月	1~2	兌	乾	3~28	坤	艮
3月	1~4	艮	坤	5~31	坎	巽
4月	1~2	巽	坎	3~30	艮	坤
5月	1~2	艮	坤	3~31	坎	巽
6月	1~29	坤	艮	30	巽	
7月	1~29	坎	巽	30~31	艮	坤
8月	1~27	巽	坎	28~31	艮	坤
9月	1~26	坎	巽	27~30	坤	艮
10月	1~26	坤	艮	27~31	坎	巽
11月	1~24	巽	坎	25~30	艮	坤
12月	1~24	艮	坤	25~31	巽	坎

1955 年

月	日期	單	雙	日期	單	雙
1月	1~23	坎	巽	24~31	震	離
2月	1~21	離	震	22~28	乾	兌
3月	1~23	乾	兌	24~31	離	震
4月	1~21	兌	離	22~30	震	離
5月	1~21	震	離	22~31	兌	乾
6月	1~19	乾	兌	20~30	離	震
7月	1~18	離	震	19~31	兌	乾
8月	1~17	兌	乾	18~31	震	離
9月	1~15	離	震	16~30	乾	兌
10月	1~15	乾	兌	16~31	離	震
11月	1~13	震	離	14~30	兌	乾
12月	1~13	兌	乾	14~31	震	離

1956 年

月	期間	單	雙	月	期間	單	雙	月	期間	單	雙
1月	1~12	單離	雙震	5月	1~9	單離	雙艮	9月	1~4	單艮	雙震
	13~31	單乾	雙兌		10~31	單坎	雙巽		5~30	單巽	雙艮
2月	1~11	單兌	雙乾	6月	1~8	單巽	雙坎	10月	1~3	單艮	雙震
	12~29	單坤	雙坎		9~30	單艮	雙坤		4~31	單艮	雙坤
3月	1~11	單艮	雙坤	7月	1~7	單艮	雙坤	11月	1~2	單坤	雙坎
	12~31	單巽	雙坎		8~31	單兌	雙坎		3~30	單坎	雙巽
4月	1~10	單坎	雙巽	8月	1~5	單坎	雙巽	12月	1	坎	
	11~30	單坤	雙艮		6~31	單坤	雙艮		2~31	單坤	雙艮

1957 年

月	期間	單	雙	月	期間	單	雙	月	期間	單	雙
1月	1~30	單巽	雙坎	5月	1~28	單乾	雙兌	9月	1~23	單兌	雙乾
	31	離			29~31	單離	雙震		24~30	單兌	雙乾
2月	1~28	單震	雙乾	6月	1~27	單震	雙離	10月	1~22	單兌	雙乾
					28~30	單離	雙乾		23~31	單震	雙離
3月	1	震	31 震	7月	1~26	單兌	雙乾	11月	1~21	單離	雙乾
	2~30	單兌	雙乾		27~31	單震	雙離		22~30	單震	雙乾
4月	1~29	單離	雙震	8月	1~24	單震	雙離	12月	1~20	單兌	雙震
	30	兌			25~31	單乾	雙兌		21~31	單離	雙震

1958 年

月	期間	單	雙	月	期間	單	雙	月	期間	單	雙
1月	1~19	單震	雙離	5月	1~18	單艮	雙離	9月	1~12	單艮	雙坤
	20~31	單兌	雙乾		19~31	單坎	雙巽		13~30	單巽	雙艮
2月	1~17	單乾	雙兌	6月	1~16	單巽	雙坎	10月	1~12	單巽	雙坎
	18~28	單艮	雙離		17~30	單艮	雙坤		13~30	單坤	雙坎
3月	1~19	單艮	雙坤	7月	1~16	單艮	雙坤	11月	1~10	單坤	雙坎
	20~31	單巽	雙坎		17~31	單坤	雙坎		11~30	單坎	雙巽
4月	1~18	單坎	雙巽	8月	1~14	單坎	雙巽	12月	1~10	單坎	雙巽
	19~30	單坤	雙艮		15~31	單坤	雙艮		11~31	單坤	雙艮

1959 年

月	期間	單	雙	月	期間	單	雙	月	期間	單	雙
1月	1~8	單艮	雙坤	5月	1~7	單離	雙震	9月	1~2	單震	雙離
	9~31	單巽	雙坎		8~31	單乾	雙兌		3~30	單兌	雙乾
2月	1~7	單坎	雙巽	6月	1~5	單離	雙乾	10月	1	兌	
	8~28	單震	雙離		6~30	單離	雙離		2~31	單震	雙離
3月	1~8	單震	雙離	7月	1~5	單離	雙離	11月	1~29	單乾	雙兌
	9~31	單兌	雙乾		6~31	單兌	雙乾		30	震	
4月	1~7	單乾	雙兌	8月	1~3	單乾	雙兌	12月	1~29	單離	雙震
	8~30	單離	雙震		4~31	單離	雙震		30~31	單乾	雙兌

1960 年

月	期間	單	雙	月	期間	單	雙	月	期間	單	雙
1月	1~27	單兌	雙乾	5月	1~24	單巽	雙坎	9月	1~20	單坤	雙坎
	28~31	單坤	雙艮		25~31	單震	雙坤		21~30	單坎	雙巽
2月	1~26	單艮	雙坤	6月	1~23	單震	雙艮	10月	1~19	單坎	雙巽
	27~29	單巽	雙坎		24~30	單巽	雙坎		20~31	單坤	雙艮
3月	1~26	單坤	雙坎	7月	1~23	單巽	雙坎	11月	1~18	單坤	雙艮
	27~31	單坎	雙巽		24~31	單坤	雙巽		19~30	單巽	雙坤
4月	1~25	單艮	雙坤	8月	1~21	單坤	雙坎	12月	1~17	單巽	雙坤
	26~30	單巽	雙坎		22~31	單坤	雙坤		18~31	單艮	雙坤

1961 年

月	期間	單	雙	月	期間	單	雙	月	期間	單	雙
1月	1~16	單坤	雙艮	5月	1~14	單震	雙離	9月	1~9	單離	雙震
	17~31	單坎	雙巽		15~31	單兌	雙乾		10~30	單乾	雙兌
2月	1~14	單巽	雙坎	6月	1~12	單乾	雙坎	10月	1~9	單乾	雙兌
	15~28	單離	雙震		13~30	單離	雙震		10~31	單離	雙震
3月	1~16	單離	雙震	7月	1~12	單離	雙震	11月	1~7	單震	雙離
	17~31	單乾	雙兌		13~31	單乾	雙兌		8~30	單兌	雙乾
4月	1~14	單兌	雙乾	8月	1~10	單兌	雙乾	12月	1~7	單兌	雙乾
	15~30	單震	雙離		11~31	單震	雙離		8~31	單震	雙離

1962 年

月	期間	單	雙	月	期間	單	雙	月	期間	單	雙
1月	1~5	單離	雙坤	5月	1~3	單坎	雙坤	9月	1~28	單坎	雙巽
	6~31	單乾	雙兌		4~31	單震	雙坎		29~30	單坤	雙艮
2月	1~4	單兌	雙乾	6月	1	坎		10月	1~27	單坤	雙艮
	5~28	單坤	雙艮		2~30	單坤	雙艮		28~31	單坎	雙巽
3月	1~5	單坤	雙艮	7月	131	單坤	雙艮	11月	1~26	單巽	雙坎
	6~31	單坎	雙巽		2~30	單坤	雙坎		27~30	單艮	雙坤
4月	1~4	單坎	雙巽	8月	1~29	單艮	雙坤	12月	1~26	單艮	雙坤
	5~30	單艮	雙坤		30~31	單巽	雙坎		27~31	單巽	雙坎

1963 年

月	期間	單	雙	月	期間	單	雙	月	期間	單	雙
1月	1~24	單坎	雙巽	5月	1~22	單兌	雙乾	9月	1~17	單離	雙震
	25~31	單震	雙離		23~31	單兌	雙乾		18~30	單乾	雙兌
2月	1~23	單離	雙震	6月	1~20	單乾	雙兌	10月	1~16	單離	雙震
	24~28	單兌	雙乾		21~30	單離	雙震		17~31	單震	雙離
3月	1~24	單離	雙震	7月	1~20	單離	雙震	11月	1~15	單震	雙離
	25~31	單震	雙離		21~31	單兌	雙乾		16~30	單兌	雙乾
4月	1~23	單震	雙離	8月	1~18	單兌	雙乾	12月	1~15	單兌	雙乾
	24~30	單兌	雙離		19~31	單震	雙離		16~31	單震	雙離

1964 年

月	期間	單	雙	月	期間	單	雙	月	期間	單	雙
1月	1~14	單離	雙震	5月	1~11	單艮	雙艮	9月	1~5	單艮	雙坤
	15~31	單乾	雙兌		12~31	單坎	雙巽		6~30	單巽	雙坎
2月	1~12	單兌	雙乾	6月	1~9	單巽	雙坎	10月	1~5	單巽	雙坎
	13~29	單坤	雙艮		10~30	單艮	雙坤		6~31	單坤	雙艮
3月	1~13	單艮	雙坤	7月	1~8	單艮	雙坤	11月	1~3	單坤	雙艮
	14~31	單巽	雙坎		9~31	單巽	雙坎		4~30	單坎	雙巽
4月	1~11	單坎	雙巽	8月	1~7	單坎	雙巽	12月	1~3	單坎	雙巽
	12~30	單坤	雙艮		8~31	單坤	雙艮		4~31	單坤	雙艮

1965 年

月	期間	單	雙	月	期間	單	雙	月	期間	單	雙
1月	1~2	單艮	雙坤	5月	1~30	單乾	雙兌	9月	1~24	單兌	雙乾
	3~31	單巽	雙坎		31	離			25~30	單震	雙離
2月	1	坎		6月	1~28	單震	雙離	10月	1~23	單震	雙離
	2~28	單震	雙離		29~30	單兌	雙乾		24~31	單兌	雙乾
3月	1~2	單離	雙震	7月	1~27	單兌	雙乾	11月	1~22	單乾	雙兌
	3~31	單兌	雙乾		28~31	單震	雙離		23~30	單離	雙震
4月	1	乾		8月	1~26	單離	雙震	12月	1~22	單離	雙震
	2~30	單離	雙震		27~31	單乾	雙兌		23~31	單乾	雙兌

1966 年

月	日期	單	雙	日期	單	雙
1 月	1~20	單兌	雙乾	21~31	單坤	雙艮
2 月	1~19	單艮	雙巽	20~28	單巽	雙坤
3 月	1~21	單巽	雙坎	22~31	單艮	雙坤
4 月	1~20	單坤	雙坎	21~30	單坤	雙艮
5 月	1~19	單坤	雙艮	20~31	單巽	雙坎
6 月	1~18	單巽	雙坎	19~30	單艮	雙坤
7 月	1~17	單艮	雙坎	18~31	單巽	雙坎
8 月	1~15	單坎	雙巽	16~31	單坤	雙艮
9 月	1~14	單艮	雙坤	15~30	單巽	雙坎
10 月	1~13	單巽	雙坎	14~31	單艮	雙坤
11 月	1~11	單艮	雙艮	12~30	單坎	雙震
12 月	1~11	單坎	雙巽	12~31	單坤	雙艮

1967 年

月	日期	單	雙	日期	單	雙
1 月	1~10	單艮	雙坤	11~31	單巽	雙坎
2 月	1~8	單坎	雙巽	9~28	單震	雙離
3 月	1~10	單巽	雙坤	11~31	單兌	雙乾
4 月	1~9	單乾	雙震	10~30	單離	雙震
5 月	1~8	單離	雙震	9~31	單乾	雙兌
6 月	1~7	單兌	雙乾	8~30	單震	雙離
7 月	1~7	單震	雙離	8~31	單乾	雙兌
8 月	1~5	單離	雙兌	6~31	單離	雙震
9 月	1~3	單震	雙離	4~30	單兌	雙乾
10 月	1~3	單兌	雙乾	4~31	單兌	雙坤
11 月	1		離	2~30	單離	雙震
12 月	11 乾	31	乾	2~30	單離	雙震

1968 年

月	日期	單	雙	日期	單	雙
1 月	1~29	單兌	雙乾	30~31	單震	雙艮
2 月	1~27	單艮	雙坤	28~29	單巽	雙坎
3 月	1~28	單坎	雙巽	29~31	單坤	雙艮
4 月	1~26	單艮	雙坤	27~30	單巽	雙坎
5 月	1~26	單巽	雙坎	27~31	單艮	雙坤
6 月	1~25	單坤	雙艮	26~30	單巽	雙巽
7 月	1~24	單坎	雙巽	25~31	單坤	雙坤
8 月	1~23	單坎	雙坤	24~31	單艮	雙坤
9 月	1~21	單坤	雙艮	22~30	單坎	雙巽
10 月	1~21	單坎	雙巽	22~31	單坤	雙艮
11 月	1~19	單艮	雙坤	20~30	單坤	雙坎
12 月	1~19	單坤	雙坎	20~31	單艮	雙坤

1969 年

月	日期	單	雙	日期	單	雙
1 月	1~17	單坤	雙艮	18~31	單坎	雙巽
2 月	1~16	單巽	雙坎	17~28	單離	雙震
3 月	1~17	單離	雙震	18~31	單兌	雙乾
4 月	1~16	單兌	雙離	17~30	單坎	雙離
5 月	1~15	單震	雙離	16~31	單乾	雙兌
6 月	1~14	單乾	雙兌	15~30	單震	雙震
7 月	1~13	單離	雙震	14~31	單乾	雙兌
8 月	1~12	單兌	雙乾	13~31	單震	雙離
9 月	1~11	單離	雙震	12~30	單乾	雙兌
10 月	1~10	單兌	雙乾	11~31	單離	雙震
11 月	1~9	單震	雙離	10~30	單兌	雙乾
12 月	1~8	單兌	雙乾	9~31	單震	雙離

1970 年

月	日期	單	雙	日期	單	雙
1 月	1~7	單離	雙震	8~31	單乾	雙兌
2 月	1~5	單兌	雙乾	6~28	單坤	雙離
3 月	1~7	單坤	雙震	8~31	單坎	雙震
4 月	1~5	單巽	雙坎	6~30	單艮	雙坤
5 月	1~4	單艮	雙坤	5~31	單巽	雙坎
6 月	1~3	單坎	雙巽	4~30	單坤	雙艮
7 月	1~2	單坤	雙艮	3~31	單坎	雙巽
8 月	1		巽	2~31	單坤	雙坎
9 月	1~29	單坎	雙巽	30		艮
10 月	1~29	單坤	雙艮	30~31	單坎	雙巽
11 月	1~28	單巽	雙坎	29~30	單艮	雙坤
12 月	1~27	單艮	雙坤	28~31	單巽	雙坎

1971 年

月	日期	單	雙	日期	單	雙
1 月	1~26	單坎	雙巽	27~31	單震	雙離
2 月	1~24	單離	雙震	25~28	單乾	雙兌
3 月	1~26	單乾	雙兌	27~31	單震	雙離
4 月	1~24	單震	雙離	25~30	單兌	雙乾
5 月	1~23	單兌	雙離	24~31	單震	雙離
6 月	1~22	單離	雙震	23~30	單離	雙震
7 月	1~21	單離	雙震	22~31	單乾	雙兌
8 月	1~20	單兌	雙乾	21~31	單震	雙離
9 月	1~18	單離	雙震	19~30	單兌	雙乾
10 月	1~18	單乾	雙兌	19~31	單離	雙震
11 月	1~17	單震	雙離	18~30	單兌	雙乾
12 月	1~17	單兌	雙乾	18~31	單離	雙震

1972 年

月	日期	單	雙	日期	單	雙
1 月	1~15	單離	雙震	16~31	單乾	雙兌
2 月	1~14	單兌	雙乾	15~29	單坤	雙艮
3 月	1~14	單艮	雙坤	15~31	單巽	雙坎
4 月	1~13	單坎	雙巽	14~30	單坤	雙艮
5 月	1~12	單坤	雙艮	13~31	單坎	雙巽
6 月	1~10	單巽	雙坎	11~30	單艮	雙坤
7 月	1~10	單艮	雙坤	11~31	單坤	雙坎
8 月	1~8	單坎	雙巽	9~31	單坤	雙艮
9 月	1~7	單艮	雙坤	8~30	單巽	雙坎
10 月	1~6	單巽	雙坎	7~31	單艮	雙坤
11 月	1~5	單坤	雙艮	6~30	單坎	雙巽
12 月	1~5	單坎	雙巽	6~31	單坤	雙艮

1973 年

月	日期	單	雙	日期	單	雙
1 月	1~3	單艮	雙坤	4~31	單坎	雙巽
2 月	1~28	單震	雙離	30		乾
3 月	1~4	單震	雙離	5~31	單乾	雙兌
4 月	1~2	單乾	雙兌	3~30	單離	雙震
5 月	1~2	單離	雙震	3~31	單乾	雙兌
6 月	1~29	單乾	雙兌	30		乾
7 月	1~29	單兌	雙乾	30~31	單離	雙震
8 月	1~27	單離	雙震	28~31	單乾	雙兌
9 月	1~25	單兌	雙乾	26~30	單震	雙離
10 月	1~25	單震	雙離	26~31	單兌	雙乾
11 月	1~24	單乾	雙兌	25~30	單離	雙震
12 月	1~23	單離	雙震	24~31	單兌	雙兌

1974 年

月	日期	單	雙	日期	單	雙
1 月	1~22	單兌	雙乾	23~31	單坤	雙艮
2 月	1~21	單艮	雙坤	22~28	單巽	雙坎
3 月	1~23	單坎	雙巽	24~31	單坤	雙艮
4 月	1~21	單坤	雙艮	22~30	單坎	雙巽
5 月	1~21	單坎	雙巽	22~31	單坤	雙艮
6 月	1~19	單艮	雙坤	20~30	單坤	雙坎
7 月	1~18	單巽	雙坎	19~31	單艮	雙坤
8 月	1~17	單坎	雙巽	18~31	單坤	雙艮
9 月	1~15	單艮	雙坤	16~30	單巽	雙坎
10 月	1~14	單巽	雙坎	15~31	單艮	雙坤
11 月	1~13	單坤	雙艮	14~30	單坎	雙巽
12 月	1~13	單坎	雙巽	14~31	單坤	雙艮

1975 年

月	日期	單	雙	日期	單	雙
1 月	1~11	單艮	雙坤	12~31	單巽	雙坎
2 月	1~10	單坎	雙巽	11~28	單震	雙離
3 月	1~12	單巽	雙坤	13~31	單兌	雙乾
4 月	1~11	單乾	雙兌	12~30	單離	雙震
5 月	1~10	單離	雙震	11~31	單乾	雙兌
6 月	1~9	單兌	雙乾	10~30	單震	雙離
7 月	1~8	單震	雙離	9~31	單乾	雙兌
8 月	1~6	單乾	雙兌	7~31	單離	雙震
9 月	1~5	單震	雙離	6~30	單兌	雙乾
10 月	1~4	單兌	雙乾	5~31	單離	雙震
11 月	1~2	單離	雙震	3~30	單乾	雙兌
12 月	1~2	單乾	雙兌	3~31	單離	雙震

1976 年

月	日期	單	雙	月	日期	單	雙	月	日期	單	雙
1月	1~30	單兌	雙乾	5月	1~28	單巽	雙坎	9月	1~23	單坎	雙巽
	31	坤			29~31	單巽	雙坤		24~30	單坎	雙坤
2月	1~29	單坎	雙坤	6月	1~26	單坤	雙巽	10月	1~22	單坎	雙巽
					27~30	單坎	雙艮		23~31	單坤	雙坤
3月	1~30	單坎	雙坤	7月	1~26	單坎	雙巽	11月	1~20	單艮	雙坎
	31	坤			27~31	單坤	雙艮		21~30	單巽	雙坤
4月	1~28	單艮	雙坎	8月	1~24	單艮	雙坎	12月	1~20	單艮	雙坤
	29~30	單巽	雙坎		25~31	單巽	雙坎		21~31	單艮	雙坤

1977 年

月	日期	單	雙	月	日期	單	雙	月	日期	單	雙
1月	1~18	單坤	雙艮	5月	1~17	單離	雙離	9月	1~12	單離	雙乾
	19~31	單坎	雙乾		18~31	單兌	雙乾		13~30	單乾	雙坎
2月	1~17	單巽	雙坤	6月	1~16	單離	雙兌	10月	1~12	單乾	雙坎
	18~28	單離	雙震		17~30	單離	雙震		13~31	單離	雙艮
3月	1~19	單離	雙震	7月	1~15	單離	雙震	11月	1~10	單震	雙乾
	20~31	單乾	雙兌		16~31	單乾	雙兌		11~30	單離	雙乾
4月	1~17	單兌	雙乾	8月	1~14	單兌	雙乾	12月	1~10	單乾	雙乾
	18~30	單震	雙離		15~31	單震	雙離		11~31	單離	雙離

1978

月	日期	單	雙	月	日期	單	雙	月	日期	單	雙
1月	1~8	單離	雙離	5月	1~6	單艮	雙坤	9月	1~2	單坤	雙巽
	9~31	單乾	雙兌		7~31	單巽	雙坎		3~30	單坎	雙巽
2月	1~6	單兌	雙乾	6月	1~5	單坎	雙巽	10月	1		坎
	7~28	單坤	雙艮		6~30	單坤	雙艮		2~31	單坤	雙艮
3月	1~8	單離	雙震	7月	1~4	單坤	雙艮	11月	1~29	單坤	雙坎
	9~31	單坎	雙艮		5~31	單坎	雙坎		30	坤	
4月	1~6	單巽	雙坤	8月	1~3	單巽	雙坎	12月	1~29	單艮	雙坤
	7~30	單艮	雙坤		4~31	單艮	雙坤		30~31	單巽	雙坤

1979 年

月	日期	單	雙	月	日期	單	雙	月	日期	單	雙
1月	1~27	單坎	雙巽	5月	1~25	單兌	雙乾	9月	1~20	單離	雙震
	28~31	單震	雙離		26~31	單震	雙兌		21~30	單乾	雙兌
2月	1~26	單震	雙離	6月	1~23	單震	雙兌	10月	1~20	單乾	雙兌
	27~28	單乾	雙兌		24~30	單兌	雙乾		21~31	單離	雙震
3月	1~27	單乾	雙兌	7月	1~23	單兌	雙乾	11月	1~19	單震	雙兌
	28~31	單離	雙震		24~31	單震	雙離		20~30	單兌	雙乾
4月	1~25	單震	雙離	8月	1~22	單兌	雙乾	12月	1~18	單兌	雙乾
	26~30	單兌	雙乾		23~31	單震	雙離		19~31	單震	雙離

1980 年

月	日期	單	雙	月	日期	單	雙	月	日期	單	雙
1月	1~17	單離	雙震	5月	1~13	單坤	雙艮	9月	1~8	單艮	雙坤
	18~31	單乾	雙兌		14~31	單坎	雙巽		9~30	單巽	雙坎
2月	1~15	單兌	雙乾	6月	1~12	單巽	雙坎	10月	1~8	單巽	雙坎
	16~29	單坤	雙坤		13~30	單艮	雙坤		9~31	單坤	雙坤
3月	1~16	單艮	雙坤	7月	1~11	單艮	雙坤	11月	1~7	單坤	雙艮
	17~31	單巽	雙坎		12~31	單巽	雙巽		8~30	單坎	雙巽
4月	1~14	單坎	雙巽	8月	1~10	單坎	雙坤	12月	1~6	單坤	雙艮
	15~30	單艮	雙艮		11~31	單坤	雙艮		7~31	單坤	雙坤

1981 年

月	日期	單	雙	月	日期	單	雙	月	日期	單	雙
1月	1~5	單艮	雙坤	5月	1~3	單艮	雙震	9月	1~27	單兌	雙乾
	6~31	單巽	雙坎		4~31	單乾	雙兌		28~30	單震	雙離
2月	1~4	單巽	雙巽	6月	1		兌	10月	1~27	單震	雙離
	5~28	單震	雙坎		2~30		震		28~31	單兌	雙乾
3月	1~5	單震	雙坎	7月	1	震	31 震	11月	1~25	單乾	雙兌
	6~31	單兌	雙乾		2~30	單震	雙坎		26~30	單離	雙震
4月	1~4	單乾	雙兌	8月	1~28	單兌	雙震	12月	1~25	單離	雙震
	5~30	單離	雙震		29~31	單兌	雙乾		26~31	單乾	雙兌

1982 年

月	日期	單	雙	月	日期	單	雙	月	日期	單	雙
1月	1~24	單兌	雙乾	5月	1~22	單坤	雙巽	9月	1~16	單艮	雙坎
	25~31	單坤	雙坎		23~31	單乾	雙兌		17~30	單巽	雙坎
2月	1~23	單艮	雙坎	6月	1~20	單巽	雙坎	10月	1~16	單巽	雙坎
	24~28	單兌	雙坎		21~30	單艮	雙坤		17~31	單艮	雙坤
3月	1~24	單艮	雙坎	7月	1~20	單艮	雙坤	11月	1~14	單坤	雙艮
	25~31	單坤	雙坤		21~31	單巽	雙坎		15~30	單坎	雙巽
4月	1~23	單坤	雙艮	8月	1~18	單坎	雙巽	12月	1~14	單坎	雙巽
	24~30	單巽	雙巽		19~31	單坤	雙坎		15~31	單坤	雙艮

1983 年

月	日期	單	雙	月	日期	單	雙	月	日期	單	雙
1月	1~13	單艮	雙坤	5月	1~12	單離	雙震	9月	1~6	單震	雙離
	14~31	單坤	雙坎		13~31	單乾	雙兌		7~30	單兌	雙乾
2月	1~12	單坎	雙巽	6月	1~10	單兌	雙乾	10月	1~5	單震	雙乾
	13~28	單離	雙震		11~30	單震	雙離		6~31	單震	雙離
3月	1~14	單離	雙震	7月	1~9	單震	雙兌	11月	1~4	單離	雙震
	15~31	單乾	雙兌		10~31	單兌	雙乾		5~30	單震	雙離
4月	1~12	單乾	雙兌	8月	1~8	單乾	雙兌	12月	1~3	單乾	雙兌
	13~30	單離	雙震		9~31	單離	雙震		4~31	單離	雙震

1984 年

月	日期	單	雙	月	日期	單	雙	月	日期	單	雙
1月	1~2	單震	雙離	5月	1~30	單巽	雙坎	9月	1~24	單坎	雙巽
	3~31	單巽	雙乾		31		艮		25~30	單坤	雙坎
2月	1		乾	6月	1~28	單坤	雙艮	10月	1~23	單坤	雙坎
	2~29	單巽	雙坤		29~30	單坎	雙巽		24~31	單坎	雙巽
3月	1~2	單坤	雙坤	7月	1~27	單坎	雙巽	11月	1~22	單巽	雙坎
	3~31	單坤	雙巽		28~31	單坤	雙巽		23~30	單巽	雙坎
4月	1~30	單艮	雙坤	8月	1~26	單艮	雙坎	12月	1~21	單巽	雙坎
		27~31	單巽 雙坎		22~31	單艮	雙坤				

1985 年

月	日期	單	雙	月	日期	單	雙	月	日期	單	雙
1月	1~20	單坤	雙艮	5月	1~19	單震	雙離	9月	1~14	單離	雙震
	21~31	單坎	雙巽		20~31	單兌	雙乾		15~30	單乾	雙兌
2月	1~19	單巽	雙坎	6月	1~17	單乾	雙兌	10月	1~13	單乾	雙兌
	20~28	單離	雙震		18~30	單離	雙震		14~31	單離	雙震
3月	1~20	單離	雙震	7月	1~17	單離	雙震	11月	1~11	單震	雙離
	21~31	單乾	雙兌		18~31	單乾	雙兌		12~30	單兌	雙乾
4月	1~19	單兌	雙乾	8月	1~15	單兌	雙乾	12月	1~11	單兌	雙乾
	20~30	單震	雙離		16~31	單震	雙離		12~31	單離	雙離

1986 年

月	日	單	雙	月	日	單	雙	月	日	單	雙
1月	1~9	單離	雙震	5月	1~8	單離	雙坤	9月	1~3	單坤	雙艮
	10~31	單乾	雙兌		9~31	單巽	雙坎		4~30	單坎	雙巽
2月	1~8	單兌	雙乾	6月	1~6	單巽	雙坎	10月	1~3	單巽	雙坎
	9~28	單坤	雙艮		7~30	單艮	雙離		4~31	單坤	雙艮
3月	1~9	單坤	雙艮	7月	1~6	單坤	雙艮	11月	1		艮
	10~31	單坎	雙巽		7~31	單艮	雙離		2~30	單巽	雙坎
4月	1~8	單巽	雙坎	8月	1~5	單巽	雙坎	12月	131	單巽	雙坎
	9~30	單艮	雙坤		6~31	單艮	雙坤		2~30	單艮	雙坤

1987 年

月	日	單	雙	月	日	單	雙	月	日	單	雙
1月	1~28	單坎	雙巽	5月	1~26	單兌	雙乾	9月	1~22	單離	雙震
	29~31	單震	雙離		27~31	單震	雙離		23~30	單乾	雙兌
2月	1~27	單離	雙震	6月	1~25	單離	雙震	10月	1~22	單乾	雙兌
	28		兌		26~30	單乾	雙兌		23~31	單離	雙震
3月	1~28	單乾	雙兌	7月	1~25	單乾	雙兌	11月	1~20	單震	雙離
	29~31	單離	雙震		26~31	單乾	雙兌		21~30	單兌	雙乾
4月	1~27	單震	雙離	8月	1~23	單震	雙離	12月	1~20	單兌	雙乾
	28~30	單兌	雙乾		24~31	單震	雙離		21~31	單震	雙離

1988 年

月	日	單	雙	月	日	單	雙	月	日	單	雙
1月	1~18	單離	雙震	5月	1~15	單坤	雙艮	9月	1~10	單艮	雙坤
	19~31	單乾	雙兌		16~31	單坎	雙巽		11~30	單巽	雙坎
2月	1~16	單兌	雙乾	6月	1~13	單艮	雙坎	10月	1~10	單巽	雙坎
	17~29	單坤	雙艮		14~30	單艮	雙坎		11~31	單艮	雙坤
3月	1~17	單艮	雙坤	7月	1~13	單艮	雙坤	11月	1~8	單坤	雙艮
	18~31	單巽	雙坎		14~31	單艮	雙坎		9~30	單坎	雙巽
4月	1~15	單坎	雙巽	8月	1~11	單艮	雙坎	12月	1~8	單坎	雙巽
	16~30	單坤	雙艮		12~31	單坤	雙艮		9~31	單坤	雙艮

1989 年

月	日	單	雙	月	日	單	雙	月	日	單	雙
1月	1~7	單艮	雙坤	5月	1~4	單離	雙震	9月	1~29	單兌	雙乾
	8~31	單巽	雙坎		5~31	單乾	雙兌		30		離
2月	1~5	單坎	雙巽	6月	1~3	單兌	雙乾	10月	1~28	單震	雙離
	6~28	單震	雙離		4~30	單震	雙離		29~31	單兌	雙乾
3月	1~7	單震	雙離	7月	1~2	單震	雙離	11月	1~27	單乾	雙兌
	8~31	單兌	雙乾		3~31	單兌	雙乾		28~30	單離	雙震
4月	1~5	單乾	雙兌	8月	131	單兌	雙乾	12月	1~27	單離	雙震
	6~30	單離	雙震		2~30	單震	雙離		28~31	單乾	雙兌

1990 年

月	日	單	雙	月	日	單	雙	月	日	單	雙
1月	1~26	單兌	雙乾	5月	1~23	單坎	雙巽	9月	1~18	單艮	雙坤
	27~31	單坤	雙艮		24~31	單坤	雙艮		19~30	單巽	雙坎
2月	1~24	單艮	雙坤	6月	1~22	單艮	雙坤	10月	1~17	單巽	雙坎
	25~28	單巽	雙坎		23~30	單艮	雙坤		18~31	單艮	雙坤
3月	1~26	單巽	雙坎	7月	1~21	單艮	雙坤	11月	1~16	單坤	雙艮
	27~31	單艮	雙坤		22~31	單艮	雙坤		17~30	單坤	雙坎
4月	1~24	單坤	雙艮	8月	1~19	單坎	雙巽	12月	1~16	單坎	雙巽
	25~30	單坎	雙巽		20~31	單艮	雙艮		17~31	單坤	雙巽

1991 年

月	日	單	雙	月	日	單	雙	月	日	單	雙
1月	1~15	單艮	雙坤	5月	1~13	單離	雙震	9月	1~7	單震	雙離
	16~31	單巽	雙坎		14~31	單乾	雙兌		8~30	單兌	雙乾
2月	1~14	單坎	雙巽	6月	1~11	單兌	雙乾	10月	1~7	單兌	雙坎
	15~28	單震	雙離		12~30	單震	雙離		8~31	單震	雙離
3月	1~15	單震	雙離	7月	1~11	單震	雙離	11月	1~5	單離	雙震
	16~31	單兌	雙乾		12~31	單兌	雙乾		6~30	單乾	雙兌
4月	1~14	單乾	雙兌	8月	1~9	單乾	雙兌	12月	1~5	單乾	雙兌
	15~30	單離	雙震		10~31	單離	雙震		6~31	單離	雙震

1992 年

月	日	單	雙	月	日	單	雙	月	日	單	雙
1月	1~4	單震	雙離	5月	1~2	單坤	雙艮	9月	1~25	單坎	雙巽
	5~31	單兌	雙乾		3~31	單巽	雙坎		26~30	單坤	雙艮
2月	1~3	單乾	雙兌	6月	1~29	單坤	雙艮	10月	1~25	單坤	雙艮
	4~29	單艮	雙坤		30		巽		26~31	單坎	雙巽
3月	1~3	單坤	雙艮	7月	1~29	單坎	雙巽	11月	1~23	單巽	雙坎
	4~31	單坎	雙巽		30~31	單艮	雙坤		24~30	單艮	雙坤
4月	1~2	單巽	雙坎	8月	1~27	單艮	雙坤	12月	1~23	單艮	雙坤
	3~30	單坤	雙艮		28~31	單巽	雙坎		24~31	單巽	雙坎

1993 年

月	日	單	雙	月	日	單	雙	月	日	單	雙
1月	1~22	單坎	雙巽	5月	1~20	單震	雙離	9月	1~15	單離	雙震
	23~31	單震	雙離		21~31	單兌	雙乾		16~30	單乾	雙兌
2月	1~20	單離	雙震	6月	1~19	單乾	雙兌	10月	1~14	單乾	雙兌
	21~28	單乾	雙兌		20~30	單離	雙震		15~31	單離	雙震
3月	1~22	單乾	雙兌	7月	1~18	單震	雙離	11月	1~13	單震	雙離
	23~31	單離	雙震		19~31	單乾	雙兌		14~30	單乾	雙兌
4月	1~21	單震	雙離	8月	1~17	單乾	雙兌	12月	1~12	單乾	雙兌
	22~30	單震	雙離		18~31	單震	雙離		13~31	單震	雙離

1994 年

月	日	單	雙	月	日	單	雙	月	日	單	雙
1月	1~11	單離	雙震	5月	1~10	單艮	雙坤	9月	1~5	單坤	雙艮
	12~31	單乾	雙兌		11~31	單巽	雙坎		6~30	單坎	雙巽
2月	1~9	單兌	雙乾	6月	1~8	單坎	雙巽	10月	1~4	單坎	雙巽
	10~28	單坤	雙艮		9~30	單艮	雙坤		5~31	單坤	雙艮
3月	1~11	單坤	雙艮	7月	1~8	單坤	雙艮	11月	1~2	單艮	雙坤
	12~31	單坎	雙巽		9~31	單坎	雙巽		3~30	單巽	雙坎
4月	1~10	單巽	雙坎	8月	1~6	單巽	雙坎	12月	1~2	單巽	雙坎
	11~30	單艮	雙坤		7~31	單艮	雙坤		3~31	單艮	雙坤

1995 年

月	日	單	雙	月	日	單	雙	月	日	單	雙
1月	1~30	單坎	雙乾	5月	1~28	單乾	雙乾	9月	1~24	單乾	雙兌
	31		震		29~31	單震	雙離		25~30	單離	雙震
2月	1~28	單離	雙震	6月	1~27	單離	雙震	10月	1~23	單離	雙震
					28~30	單乾	雙兌		24~31	單離	雙震
3月	1~30	單乾	雙兌	7月	1~26	單乾	雙兌	11月	1~21	單震	雙離
	31		離		27~31	單離	雙震		22~30	單乾	雙兌
4月	1~29	單震	雙離	8月	1~25	單震	雙離	12月	1~21	單兌	雙乾
	30		乾		26~31	單兌	雙乾		22~31	單震	雙離

1996 年

月	日	單	雙	月	日	單	雙	月	日	單	雙
1月	1~19	單離	雙震	5月	1~16	單坤	雙艮	9月	1~12	單艮	雙巽
	20~31	單乾	雙兌		17~31	單坎	雙巽		13~30	單巽	雙坎
2月	1~18	單兌	雙乾	6月	1~15	單巽	雙坎	10月	1~11	單巽	雙坎
	19~29	單坤	雙坎		16~30	單艮	雙坤		12~31	單艮	雙坎
3月	1~18	單艮	雙巽	7月	1~15	單艮	雙巽	11月	1~10	單坤	雙艮
	19~31	單巽	雙坎		16~31	單艮	雙坤		11~30	單坎	雙巽
4月	1~17	單坎	雙巽	8月	1~13	單坎	雙巽	12月	1~10	單坎	雙巽
	18~30	單坤	雙艮		14~31	單坤	雙艮		11~31	單坤	雙艮

2001 年

月	日	單	雙	月	日	單	雙	月	日	單	雙
1月	1~23	單坎	雙震	5月	1~22	單兌	雙乾	9月	1~16	單離	雙震
	24~31	單震	雙離		23~31	單兌	雙乾		17~30	單乾	雙兌
2月	1~22	單震	雙離	6月	1~20	單乾	雙兌	10月	1~16	單乾	雙兌
	23~28	單乾	雙震		21~30	單離	雙震		17~31	單兌	雙乾
3月	1~24	單乾	雙兌	7月	1~20	單離	雙震	11月	1~14	單震	雙離
	25~31	單離	雙震		21~31	單兌	雙乾		15~30	單兌	雙乾
4月	1~22	單震	雙離	8月	1~18	單兌	雙乾	12月	1~14	單兌	雙乾
	23~30	單兌	雙乾		19~31	單震	雙離		15~31	單震	雙離

1997 年

月	日	單	雙	月	日	單	雙	月	日	單	雙
1月	1~8	單艮	雙坤	5月	1~6	單離	雙震	9月	1		震
	9~31	單巽	雙坤		7~31	單乾	雙兌		2~30	單兌	雙乾
2月	1~6	單坎	雙巽	6月	1~4	單兌	雙乾	10月	1 兌	31	兌
	7~28	單震	雙離		5~30	單震	雙離		2~30	單震	雙離
3月	1~8	單震	雙離	7月	1~4	單震	雙離	11月	1~29	單乾	雙兌
	9~31	單巽	雙乾		5~31	單兌	雙乾		30		震
4月	1~6	單乾	雙兌	8月	1~2	單乾	雙兌	12月	1~29	單離	雙震
	7~30	單震	雙震		3~31	單離	雙震		30~31	單兌	雙乾

2002 年

月	日	單	雙	月	日	單	雙	月	日	單	雙
1月	1~12	單離	雙坤	5月	1~11	單艮	雙坤	9月	1~6	單坤	雙巽
	13~31	單乾	雙坤		12~31	單巽	雙坎		7~30	單坎	雙巽
2月	1~11	單兌	雙乾	6月	1~10	單坤	雙艮	10月	1~5	單坎	雙巽
	12~28	單坤	雙艮		11~30	單坤	雙艮		6~31	單坤	雙艮
3月	1~13	單坤	雙艮	7月	1~9	單坤	雙艮	11月	1~4	單艮	雙坤
	14~31	單坎	雙巽		10~31	單坎	雙巽		5~30	單巽	雙坎
4月	1~12	單坎	雙坎	8月	1~8	單巽	雙坤	12月	1~3	單巽	雙坎
	13~30	單巽	雙坤		9~31	單艮	雙坤		4~31	單艮	雙坤

1998 年

月	日	單	雙	月	日	單	雙	月	日	單	雙
1月	1~27	單兌	雙乾	5月	1~25	單坎	雙巽	9月	1~20	單艮	雙坤
	28~31	單坤	雙艮		26~31	單坤	雙艮		21~30	單巽	雙坎
2月	1~26	單艮	雙坤	6月	1~23	單艮	雙坤	10月	1~19	單艮	雙坎
	27~31	單震	雙坎		24~30	單艮	雙坤		20~31	單艮	雙坤
3月	1~27	單坎	雙巽	7月	1~22	單艮	雙坤	11月	1~18	單坎	雙巽
	28~31	單艮	雙坤		23~31	單艮	雙坤		19~30	單坤	雙坎
4月	1~25	單坤	雙艮	8月	1~21	單坎	雙巽	12月	1~18	單坎	雙巽
	26~30	單坎	雙巽		22~31	單坤	雙艮		19~31	單坤	雙艮

2003 年

月	日	單	雙	月	日	單	雙	月	日	單	雙
1月	1~2	單坤	雙艮	5月	1~30	單兌	雙乾	9月	1~25	單乾	雙兌
	3~31	單坎	雙巽		31		震		26~30	單離	雙震
2月	1~28	單震	雙震	6月	1~29	單離	雙震	10月	1~24	單離	雙震
					30		兌		25~31	單乾	雙兌
3月	1~2	單離	雙震	7月	1~28	單乾	雙兌	11月	1~23	單乾	雙兌
	3~31	單乾	雙兌		29~31	單震	雙離		24~30	單兌	雙乾
4月	1		兌	8月	1~27	單震	雙離	12月	1~22	單震	雙乾
	2~30	單震	雙離		28~31	單兌	雙乾		23~31	單兌	雙乾

1999 年

月	日	單	雙	月	日	單	雙	月	日	單	雙
1月	1~16	單艮	雙坤	5月	1~14	單離	雙震	9月	1~9	單震	雙離
	17~31	單坎	雙巽		15~31	單乾	雙兌		10~30	單坤	雙離
2月	1~15	單坎	雙巽	6月	1~13	單艮	雙乾	10月	1~8	單艮	雙坤
	16~28	單震	雙離		14~30	單震	雙離		9~31	單艮	雙離
3月	1~17	單震	雙離	7月	1~12	單震	雙離	11月	1~7	單離	雙震
	18~31	單乾	雙乾		13~31	單兌	雙乾		8~30	單乾	雙兌
4月	1~15	單乾	雙兌	8月	1~10	單乾	雙兌	12月	1~7	單乾	雙兌
	16~30	單離	雙震		11~31	單離	雙震		8~31	單離	雙震

2004 年

月	日	單	雙	月	日	單	雙	月	日	單	雙
1月	1~21	單乾	雙兌	5月	1~18	單坤	雙艮	9月	1~13	單艮	雙坤
	22~31	單艮	雙坤		19~31	單坎	雙艮		14~30	單艮	雙坎
2月	1~19	單乾	雙兌	6月	1~17	單艮	雙坤	10月	1~13	單巽	雙坎
	20~29	單坎	雙巽		18~30	單艮	雙坤		14~31	單艮	雙坎
3月	1~20	單巽	雙坎	7月	1~16	單艮	雙坤	11月	1~11	單坤	雙艮
	21~31	單巽	雙坎		17~31	單巽	雙坎		12~30	單坎	雙巽
4月	1~18	單坎	雙巽	8月	1~15	單坎	雙巽	12月	1~11	單坎	雙巽
	19~30	單坤	雙艮		16~31	單坤	雙艮		12~31	單坤	雙艮

2000 年

月	日	單	雙	月	日	單	雙	月	日	單	雙
1月	1~6	單震	雙離	5月	1~3	單艮	雙艮	9月	1~27	單坎	雙巽
	7~31	單兌	雙乾		4~31	單巽	雙坎		28~30	單坤	雙艮
2月	1~4	單兌	雙兌	6月	1		坎	10月	1~26	單坎	雙艮
	5~29	單巽	雙坤		2~30	單坤	雙坎		27~31	單巽	雙坎
3月	1~5	單坤	雙艮	7月	1 坤	31	坤	11月	1~25	單巽	雙坎
	6~31	單巽	雙坎		2~30	單坤	雙坎		26~30	單艮	雙巽
4月	1~4	單巽	雙坎	8月	1~28	單巽	雙坎	12月	1~25	單巽	雙坎
	5~30	單艮	雙坤		29~31	單坎	雙坤		26~31	單巽	雙坎

2005 年

月	日	單	雙	月	日	單	雙	月	日	單	雙
1月	1~9	單艮	雙坤	5月	1~7	單離	雙震	9月	1~3	單震	雙離
	10~31	單坎	雙坎		8~31	單乾	雙兌		4~30	單兌	雙乾
2月	1~8	單坎	雙巽	6月	1~6	單兌	雙乾	10月	1~2	單兌	雙乾
	9~28	單離	雙震		7~30	單震	雙離		3~31	單震	雙離
3月	1~9	單震	雙離	7月	1~5	單震	雙離	11月	1		單離
	10~31	單兌	雙乾		6~31	單兌	雙乾		2~30	單乾	雙兌
4月	1~8	單乾	雙兌	8月	1~4	單乾	雙兌	12月	1~30	單離	雙震
	9~30	單離	雙震		5~31	單離	雙震		31		乾

2006 年

月	日期	單	雙
1月	1~28	單兌	雙乾
	29~31	單坤	雙離
2月	1~27	單艮	雙坤
	28	坎	
3月	1~28	單巽	雙坎
	29~31	單艮	雙坎
4月	1~27	單坤	雙艮
	28~30	單坎	雙巽
5月	1~26	單坎	雙巽
	27~31	單坤	雙艮
6月	1~25	單艮	雙坤
	26~30	單巽	雙坤
7月	1~24	單巽	雙坎
	25~31	單艮	雙坤
8月	1~23	單坤	雙艮
	24~31	單坤	雙艮
9月	1~21	單艮	雙坤
	22~30	單巽	雙坎
10月	1~21	單巽	雙坎
	22~31	單艮	雙坤
11月	1~20	單坤	雙艮
	21~30	單坎	雙巽
12月	1~19	單坎	雙巽
	20~31	單坤	雙艮

2007 年

月	日期	單	雙
1月	1~18	單艮	雙坤
	19~31	單艮	雙坎
2月	1~17	單坎	雙巽
	18~28	單震	雙離
3月	1~18	單震	雙離
	19~31	單兌	雙乾
4月	1~16	單兌	雙乾
	17~30	單離	雙震
5月	1~16	單離	雙震
	17~31	單乾	雙兌
6月	1~14	單兌	雙乾
	15~30	單震	雙離
7月	1~13	單震	雙離
	14~31	單乾	雙兌
8月	1~12	單乾	雙兌
	13~31	單震	雙震
9月	1~10	單震	雙離
	11~30	單兌	雙乾
10月	1~10	單兌	雙乾
	11~31	單震	雙離
11月	1~9	單離	雙震
	10~30	單乾	雙兌
12月	1~9	單乾	雙兌
	10~31	單離	雙震

2008 年

月	日期	單	雙
1月	1~7	單震	雙離
	8~31	單兌	雙乾
2月	1~6	單乾	雙兌
	7~29	單震	雙離
3月	1~7	單坤	雙艮
	8~31	單坎	雙巽
4月	1~5	單巽	雙坎
	6~30	單艮	雙坤
5月	1~4	單艮	雙坤
	5~31	單巽	雙坎
6月	1~3	單坎	雙巽
	4~30	單坤	雙艮
7月	1~2	單坤	雙艮
	3~31	單坎	雙巽
8月	1~30	單艮	雙坤
	31	巽	
9月	1~28	單坎	雙巽
	29~30	單坤	雙艮
10月	1~28	單坤	雙艮
	29~31	單坎	雙巽
11月	1~27	單兌	雙坎
	28~30	單艮	雙坤
12月	1~26	單艮	雙坎
	27~31	單巽	雙坎

2009 年

月	日期	單	雙
1月	1~25	單坎	雙巽
	26~31	單艮	雙坤
2月	1~24	單離	雙震
	25~28	單乾	雙兌
3月	1~26	單乾	雙兌
	27~31	單震	雙離
4月	1~24	單震	雙離
	25~30	單兌	雙乾
5月	1~23	單兌	雙乾
	24~31	單震	雙離
6月	1~22	單離	雙震
	23~30	單乾	雙兌
7月	1~21	單震	雙離
	22~31	單乾	雙兌
8月	1~19	單兌	雙乾
	20~31	單震	雙離
9月	1~18	單離	雙震
	19~30	單乾	雙兌
10月	1~17	單乾	雙兌
	18~31	單離	雙震
11月	1~16	單震	雙離
	17~30	單兌	雙乾
12月	1~15	單兌	雙乾
	16~31	單震	雙離

2010 年

月	日期	單	雙
1月	1~14	單離	雙震
	15~31	單乾	雙兌
2月	1~13	單坎	雙乾
	14~28	單坤	雙艮
3月	1~15	單坤	雙艮
	16~31	單坎	雙艮
4月	1~13	單巽	雙坎
	14~30	單艮	雙坤
5月	1~13	單艮	雙坤
	14~31	單巽	雙坎
6月	1~11	單坎	雙巽
	12~30	單坤	雙艮
7月	1~11	單坤	雙艮
	12~31	單坎	雙巽
8月	1~9	單巽	雙坎
	10~31	單艮	雙坤
9月	1~7	單坤	雙艮
	8~30	單坎	雙巽
10月	1~7	單坎	雙巽
	8~31	單坤	雙艮
11月	1~5	單離	雙震
	6~30	單艮	雙坤
12月	1~5	單艮	雙坎
	6~31	單艮	雙坤

2011 年

月	日期	單	雙
1月	1~3	單坤	雙艮
	4~31	單坎	雙巽
2月	1~2	單巽	雙坎
	3~28	單離	雙震
3月	1~4	單離	雙震
	5~31	單乾	雙兌
4月	1~2	單兌	雙乾
	3~30	單震	雙離
5月	1~2	單震	雙離
	3~31	單兌	雙乾
6月	1	乾	
	2~30	單離	雙震
7月	1~30	單兌	雙兌
	31	離	
8月	1~28	單震	雙離
	27~31	單兌	雙乾
9月	1~26	單乾	雙兌
	27~30	單離	雙震
10月	1~26	單離	雙震
	27~31	單乾	雙兌
11月	1~24	單兌	雙乾
	25~30	單震	雙離
12月	1~24	單震	雙離
	25~31	單兌	雙乾

2012 年

月	日期	單	雙
1月	1~22	單乾	雙兌
	23~31	單震	雙坤
2月	1~21	單坤	雙艮
	22~29	單坎	雙艮
3月	1~21	單巽	雙坎
	22~31	單艮	雙坤
4月	1~20	單坤	雙艮
	21~30	單坎	雙巽
5月	1~20	單坎	雙巽
	21~31	單坤	雙坎
6月	1~18	單巽	雙坎
	19~30	單坤	雙艮
7月	1~18	單艮	雙坤
	19~31	單坤	雙艮
8月	1~16	單坎	雙巽
	17~31	單坤	雙艮
9月	1~15	單艮	雙坤
	16~30	單巽	雙坎
10月	1~14	單巽	雙坎
	15~31	單艮	雙坤
11月	1~13	單坤	雙艮
	14~30	單坎	雙巽
12月	1~12	單坎	雙巽
	13~31	單坤	雙坎

2013 年

月	日期	單	雙
1月	1~11	單艮	雙坤
	12~31	單巽	雙坎
2月	1~9	單離	雙震
	10~28	單震	雙離
3月	1~11	單震	雙離
	12~31	單兌	雙乾
4月	1~9	單乾	雙兌
	10~30	單離	雙震
5月	1~9	單離	雙震
	10~31	單乾	雙兌
6月	1~7	單兌	雙乾
	8~30	單震	雙離
7月	1~7	單震	雙離
	8~31	單乾	雙兌
8月	1~6	單乾	雙兌
	7~31	單離	雙震
9月	1~4	單震	雙離
	5~30	單兌	雙乾
10月	1~4	單兌	雙乾
	5~31	單震	雙離
11月	1~2	單離	雙震
	3~30	單乾	雙兌
12月	1~2	單乾	雙兌
	3~31	單離	雙震

2014 年

月	日期	單	雙
1月	1~30	單乾	雙兌
	31	坤	
2月	1~28	單坤	雙艮
3月	1~30	單巽	雙坎
	31	艮	
4月	1~28	單坤	雙艮
	29~30	單坎	雙巽
5月	1~28	單坎	雙巽
	29~31	單坤	雙艮
6月	1~26	單艮	雙坤
	27~30	單巽	雙坎
7月	1~26	單巽	雙坎
	27~31	單艮	雙坤
8月	1~24	單坤	雙艮
	25~31	單坎	雙巽
9月	1~23	單巽	雙坎
	24~30	單艮	雙坤
10月	1~23	單艮	雙坤
	24~31	單巽	雙坎
11月	1~21	單坤	雙艮
	22~30	單坎	雙巽
12月	1~21	單坎	雙巽
	22~31	單坤	雙艮

2015 年

月	日期	單	雙
1月	1~19	單艮	雙坤
	20~31	單巽	雙坎
2月	1~18	單坎	雙巽
	19~28	單震	雙離
3月	1~19	單震	雙離
	20~31	單乾	雙兌
4月	1~18	單乾	雙兌
	19~30	單離	雙震
5月	1~17	單離	雙震
	18~31	單乾	雙兌
6月	1~15	單兌	雙乾
	16~30	單震	雙離
7月	1~15	單震	雙離
	16~31	單乾	雙兌
8月	1~13	單乾	雙兌
	14~31	單離	雙震
9月	1~12	單震	雙離
	13~30	單兌	雙乾
10月	1~12	單兌	雙乾
	13~31	單震	雙離
11月	1~11	單離	雙震
	12~30	單乾	雙兌
12月	1~10	單乾	雙兌
	11~31	單離	雙震